煤矿重要综采设备
应用及修理

张明昭 ◎ 著

APPLICATION AND REPAIR OF

VITAL FULLY-MECHANIZED MINING

EQUIPMENT IN COAL MINES

北京理工大学出版社
BEIJING INSTITUTE OF TECHNOLOGY PRESS

内 容 简 介

本书介绍了煤矿重要综采设备的结构、基本工作原理、操作经验、常见故障及故障排除、修理工艺。作者结合自身多年的煤矿设备管理经验，对煤矿设备修理工作中一些重点环节提出了较为实用的观点。全书共七章，主要内容包括滚筒式采煤机、掘进机、液压支架、液压支架电液控制系统、单轨吊车、引射除尘器等系统和设备的使用、修理及研究。通过本书的学习可以使读者了解和学习煤矿综采设备的使用和修理经验。

本书可作为煤矿综采设备的管理、技术、使用、修理维护人员的参考用书，也可以作为煤矿设备修理企业制订修理工艺规范的参考，还可用作煤矿高职高专院校高年级学生的辅助教材。

版权专有　侵权必究

图书在版编目（CIP）数据

煤矿重要综采设备应用及修理／张明昭著．－－北京：北京理工大学出版社，2024.5

ISBN 978－7－5763－4113－3

Ⅰ.①煤…　Ⅱ.①张…　Ⅲ.①采煤综合机组-机械维修　Ⅳ.①TD421.8

中国国家版本馆 CIP 数据核字（2024）第 109153 号

责任编辑：李颖颖		文案编辑：吕思涵	
责任校对：周瑞红		责任印制：李志强	

出版发行 ／ 北京理工大学出版社有限责任公司

社　　址 ／ 北京市丰台区四合庄路 6 号

邮　　编 ／ 100070

电　　话 ／ （010）68944439（学术售后服务热线）

网　　址 ／ http://www.bitpress.com.cn

版 印 次 ／ 2024 年 5 月第 1 版第 1 次印刷

印　　刷 ／ 廊坊市印艺阁数字科技有限公司

开　　本 ／ 710 mm×1000 mm　1/16

印　　张 ／ 14

彩　　插 ／ 3

字　　数 ／ 212 千字

定　　价 ／ 76.00 元

图书出现印装质量问题，请拨打售后服务热线，负责调换

序　言

我国是世界上煤炭储量最多的国家，煤炭资源在我国能源消耗中占据着相当大的比重，并且对我国经济发展起着至关重要的作用。目前，我国煤矿开采的核心设备主要包括掘进机、采煤机、液压支架等综合机械化采煤设备，它们承担巷道及工作面煤层的掘进、截割、装卸、支撑掩护、运输等任务。这些设备的工作效率和稳定性对煤矿开采工作有较大影响。随着我国发展速度不断加快，很多中、大型机电设备自动化层次不断上升，同时，其系统内部结构越来越复杂，规模也不断扩张，机电设备和各个子系统相互之间的关联程度越发密切，这从根本上增加了设备产生故障的可能性。此外，因综合机械化采煤设备的工作环境存在空气潮湿、煤炭粉尘等杂质多、腐蚀性气体含量高等恶劣因素，并且在运行时容易受到煤、岩石等外部冲击，所以经常会产生不同类型的故障问题，从而导致煤矿井下开采的工作效率和生产量严重降低。尤其是在当前"一矿一面"的高度集中化生产模式下，如何有效使用技术性能先进、生产能力强、工作可靠性高的煤矿开采和安全技术装备，是现代煤矿开采的一项重要任务。因此，总结综合采煤设备的使用经验，对可能的故障进行分析与诊断，使故障得以及时处理，可以提升设备工作的可靠度，对提高维修效率和质量、提升煤矿开采效率也有重要的意义。本书总结了开滦煤矿的一些宝贵经验。

开滦煤矿始建于 1878 年，截至 2024 年年初已有 146 年开采历史，是中国近代最早进行井工开采的煤炭矿井，也是声名远播的中国现代工业化摇篮。开滦煤矿煤层开采条件复杂，属煤层群开采，煤层倾角的范围从近水平到 90°，各矿井间开采条件、生产技术水平存在很大差异，对采掘机械化发展十分不利。为了提高生产效率，开滦煤矿从 1951 年起使用小型日制截煤机，并配备自制链板运输机，这是开滦煤矿采掘机械化的第一步；1965 年，开滦煤矿发展使用 MLQ - 64 型固定式滚筒采煤机和 MLQ - 80 型滚筒采煤机，并配套使用摩擦金属支柱、铰接金属顶梁维护顶板，自此实现了普通机械化开采——普采；1966 年，开滦煤矿开始自行设计并制造出 60 组支架，这些支架是现代综合采煤支架的雏形，称为"土掩护盾"，是我国使用自移支架设备的开端；1972 年唐山煤研所设计、郑州煤机厂制造了 5 组组合迈步液压支架，重点组织矿压观测，研究支架受力结构，在此基础上，设计制造了 MZ - 19/28 型液压支架 100 组，并在 1974 年装备到开滦唐山矿 5351 工作面，配套了 MLS1 - 150 采煤机进行试验，到 1975 年 10 月结束，共产煤 334 152 t，平均单产 19 656 t/月，获得成功，这标志着开滦煤矿进入了综合机械化采煤的时代。20 世纪 90 年代以后，随着对矿山压力基本规律的认识，开滦煤矿不断探索综合机械化采煤工艺，并总结相关经验，采掘技术有了突飞猛进的发展，先后使用过特厚煤层综放机械化配套设备、厚煤层综合机械化配套设备、较薄煤层综合机械化配套设备、轻型放顶煤综合机械化配套设备。目前，在复杂地质条件下，开滦煤矿已经可以进行大倾角综放智能化开采技术的应用。

正是在这种历史延续下，开滦煤矿积累了大量珍贵的综合机械化采煤设备使用、维护、保养等宝贵经验。同时，围绕百里矿区，也催生出许多修理煤矿设备的单位，这些单位经过多年的竞争、淘汰，形成了一套独特、实用、经济合理、质量可靠的修理工艺。

本书汲取了开滦煤矿使用综合机械化采煤设备的大量经验，汇总了遍布百里矿区为开滦煤矿服务的修理单位的一些宝贵工艺技术，加以提炼，并结合智能化、现代化科学研究，希望可以对综合机械化采煤设备的使用、维护、修理等提供指导意义和实际应用价值。

张明昭

目　录

第 1 章
滚筒式采煤机的使用、修理经验与研究

■ 1.1　滚筒式采煤机的结构及工作原理

滚筒式采煤机是以螺旋滚筒作为工作机构，以滚削原理实现落煤的采煤设备，其结构如图 1-1 所示，主要包括截割部、牵引部、电动机、电气系统及辅助装置等部分。

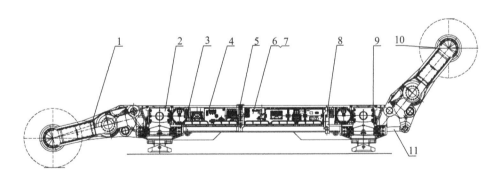

图 1-1　滚筒式采煤机结构

1—摇臂；2—牵引机构；3—牵引传动箱；4—泵站；5—辅助装置；6—控制箱；7—电气系统；
8—遥控装置；9—主机架；10—滚筒；11—调节油缸

截割部包括固定减速箱、摇臂和滚筒，采煤机在工作时，电动机的动力经固定减速箱和摇臂中的齿轮传送给滚筒，从而完成截割操作。

牵引部包括牵引机构和牵引传动装置两部分，其中牵引机构目前主要为轮轨式无链牵引机构；牵引传动装置分为液压牵引传动装置和电气牵引传动装置两类。液压牵引传动装置是利用液压泵和液压电动机组成的容积调速系统来驱动牵引机构；电气牵引传动装置是由单独的牵引电动机经齿轮传动来驱动牵引机构，目前在采煤机结构中使用电气牵引传动装置相对较多。

电动机根据总体设计的需要，一般有两种形式：一种是两端出轴传动的方形电动机；另一种是一端出轴的圆形电动机。采煤机配套电动机应能在有瓦斯或煤尘爆炸危险的矿井中使用，防爆性能应符合实际要求。

电气系统由电动机电控箱、中间箱、电磁阀箱、分线盒、按钮盒等部件组成。电动机电控箱是安装电气元件的主要地方，包括隔离开关、本安电源、控制变压器、控制设备、接线排等。中间箱用于大型采煤机或双电动机采煤机连接电缆。采煤机电气系统一般为隔爆兼本安型，并由电气控制和电气保护两部分组成。

辅助装置包括底托架、电缆拖曳装置、防滑装置、破碎机构、喷雾冷却系统等。其中底托架是采煤机的基础座，一般采用铸造或钢板焊接制成，是采煤机支撑在工作面刮板输送机上的导向滑动部分。底托架主要由托架、导向滑靴、支承滑靴（或滚轮）、紧定装置等组成。电缆拖曳装置由拖缆架、压板、连接板、电缆夹等组成。

滚筒式采煤机借助截齿滚筒旋转与输送机的牵引作用进行采煤作业。截割部主要借助摇臂齿轮箱对滚筒进行动力输送，进而在滚筒的作用下实现装落煤；牵引部在电动机作用下借助齿轮的咬合作用实现行走，以及实现滚筒的连续装落煤，最后将滚筒切煤输送到溜槽内，完成整个采煤和落煤过程。具体工作过程为采煤机以一定的牵引速度行走，滚筒以一定的转速转动，旋转并切入煤壁，滚筒上的截齿从煤壁上截割下煤体，破碎的煤体在螺旋叶片的作用下被推入工作面的刮板输送机中。

采煤机技术参数包括装机功率、供电电压、牵引啮合形式、牵引方式、牵引速度、机面高度、滚筒直径、截深、卧底量、过煤高度、采高范围、适应煤层倾角、煤矸石硬度、摇臂类型、冷却形式、主机质量等。

以 MG300/730 型采煤机为例进行相关技术说明。该型采煤机使用环境条件为煤矿井下瓦斯矿井，配套设备为运输机 SGZ764/630、支架 ZY6400/13/32、转载机 SZZ730/250。

主要技术参数：装机功率为 730 kW（截割电动机 300 kW×2 + 牵引电动机 55 kW×2 + 调高泵站电动机 20 kW×1）；供电电压为 AC 1 140 V；牵引啮合形式为齿轮销排；牵引方式为四象限机载交流变频调速；牵引速度为 0~7.7 m/min；机面高度为 1 400 mm；滚筒直径为 φ1 800 mm；截深为 800 mm；最大卧底量不小于 350 mm；过煤高度不小于 650 mm；采高范围为 1.8~3.5 m；适应煤层倾角不大于 35°；煤矸石硬度 f=6（油页岩）；摇臂为采用单行星头和方形法兰连接的加强型整体弯摇臂；冷却形式为摇臂壳体水套冷却、内部强迫冷却润滑；主机质量：56 t。

1.2　采煤机常见故障分析

采煤机对煤矿井下作业有着重要的意义及作用。采煤机在井下工作时，由于井下工作环境较为复杂，导致其极易出现故障。结合采煤机在开滦煤矿使用中的实际情况，可将采煤机常见故障分为机械故障、电气故障和液压故障三大类，具体分析如下。

1.2.1　机械故障

机械装置是采煤机设备的直接承载体，采煤机工作环境相对恶劣，使机械装置受外部载荷波动较大，较易发生机械故障，常见的机械故障类型主要包括轴承故障和齿轮故障两种。轴承和齿轮是采煤机截割部的关键零件，采煤机长时间采煤，其截割部零件长期处于极限状态，再加上人员操作不当，易造成截割部与铲板之间产生撞击，导致截割部受外力破坏严重。此外，如果采煤机长期运转，且未及时进行检修与维护，也会导致截割部轴承、齿轮等零件磨损严重。

轴承故障主要表现为发出噪声和温度过高两种情况。其中，导致轴承发出噪声的主要原因是其内圈和外圈出现较为严重的磨损，使轴承的轴线出现不同程度的偏离，进而出现较为严重的摩擦；温度过高的主要原因是轴承润滑效果不好，或其安装存在较大偏差。齿轮故障主要表现为齿面磨损、胶合甚至是接触疲劳。其中，齿面磨损主要原因是其润滑油润滑性能下降或润滑油中掺入杂质等；当齿面磨损导致齿轮表面油膜消失后，便出现了胶合现象；齿轮没有经过足够时间的磨合，导致出现裂纹，继而出现接触疲劳现象。

为尽量避免采煤机发生机械故障，要加大采煤机检修与维护力度，发现截割部齿轮或轴承等零件变形、磨损时必须及时更换；要提高采煤机司机专业技术水平，防止在割煤过程中截割部受外力冲击作用而损坏；检修人员要定期对截割部齿轮或轴承等零件润滑情况进行检查，在必要时增补润滑油。

1.2.2 电气故障

电气故障是指滚筒式采煤机的相关电气设备在运行中发生的故障。电气设备包括采煤机的启动电路、电动机、变频器及各类传感器等。采煤机在工作过程中，电气设备起着至关重要的作用，它们既能为采煤机提供动力，又是采煤机的控制中枢，对采煤机工作时各个动作进行控制，并对其进行过载保护，是采煤机工作过程中保证安全性和稳定性的基础。电气设备一旦发生故障，将对采煤机的运行产生严重影响，甚至会导致设备损坏和人员受伤，所以对电气故障的分析和预防十分重要。

常见电气故障分析如下。电动机不能正常启动，可能是保护插件接电断开、开关二极管或电源变压器损坏、控制线断路等原因；电动机在运行过程中发热甚至烧毁，可能是电压、电流不平衡、长期过负荷运行、电动机轴承损坏等原因；电动机在运行过程中突然停止工作，可能是电动机绕组温升过高或牵引速度过大超负荷等原因；遥控器常见故障主要表现为遥控器不动作或误动作等，其主要原因包括线路可能存在短路、粘连等情况，继电器回路无法正常工作等；传感器常见故障主要表现为显示器不准确、开机限值瓦斯浓度超限等，其主要原因包括未根据说明书对传感器等部件进行调校、传感器电路存在开路或短路的情况。

为尽量避免采煤机发生电气故障，要经常检查电动机的接线电缆，对于破损和老化的电缆应及时更换；要对采煤机的供电电源进行定期检测与更换，防止采煤机在工作时电源电压不稳；长期欠压工作或过压工作均有可能导致电动机短路，在采煤机检修时要及时清理电动机周围的异物，防止其进入电动机腔体或齿轮箱等部位，引起电动机堵转；在进行采煤作业时，要尽量避免频繁启停截割电动机，防止各部件的冷热交替，导致绝缘性能下降，从而引起设备电气故障。

1.2.3　液压故障

液压故障是滚筒式采煤机发生概率最高的一种故障。采煤机液压系统具有过载防护、自动调速的功能，对采煤机的正常运转起着至关重要的作用，但是在工作过程中，由于环境的影响，液压系统经常会产生不同的故障。

常见的液压故障分析如下。液压系统无压力可能是泵电动机转向接反、溢流阀失效、压力调节过低、液压系统严重漏油等原因；牵引部牵引力过小可能是主油路压力低的原因，而牵引速度过低可能是主泵排量小的原因；工作油量过少致使牵引部停车，应考虑主油路是否有泄露或冷却不充分等现象；牵引压力较低，即低于 0.49 MPa，应考虑是否为辅助油路油量不足；牵引压力过载但主机不停，其原因是保护油路未起作用，应考虑保护油路失灵或堵塞；牵引部发出异常声音，可能是主油路系统不正常；牵引部油液乳化，可能是油液中混入水分；摇臂无法升起或升起后无法自动下落，应考虑升降摇臂的油路是否存在密封不严的情况。

为尽量避免采煤机发生液压故障，要防止油液受到污染，在安装前除管道必须清洗干净外，铸件等都要经过彻底清洗，清洗后用压缩空气吹干；液压系统在完成总装后一定要进行空循环清洗，各元件在装配前要用汽油洗刷，但禁止用带纤维的织物擦拭，以防混进杂物；油箱要进行合理密封，通气处要设置空气滤清器，各处密封必须可靠，禁止使用不耐油的密封件及软管；此外，油液即使密封过滤良好，在长期的压力和温度反复作用下也会逐渐老化，而失去应有的性能，所以需要定期更换油液；最后，要定期对液压系统进行检修和维护，重点检查油管有无破损、接头有无松动，发现隐患后要及时排除。

■ 1.3　采煤机常见故障诊断

1.3.1　故障诊断原则

为了准确、及时地诊断故障，查找到故障点，必须了解故障的现象和发生过程。其判断的方法是先外部，后内部；先电气，后机械；先机械，后液压；先部件，后元件。要先划清部位，判断出是哪类故障，对应于采煤机的哪个部件，弄清故障部件与其他部件之间的关系。确定部件后，再根据故障现象和前述程序查找到具体元件，即故障点。

1.3.2 故障诊断流程

采煤机维修人员在分析、判断故障时，首先要对采煤机的结构、原理、性能及系统原理作全面的了解，只有这样才能对具体故障做出正确的判断。判断故障的主要流程如下。

1）听：听取当班司机介绍发生故障前后采煤机的运行状态，尤其听取细微现象、故障征兆，必要时可发动采煤机听其运转声响。

2）摸：用手摸可能发生故障的部位，判断其温度变化和振动情况。

3）看：看液压系统有无渗漏，特别注意看主要的液压元件、接头密封处、配合面等是否有渗漏现象。查看运行日志记录和维修记录，查看各种系统图，了解采煤机在运转时各仪表指示读数值的变化情况。

4）量：通过仪表、仪器测量绝缘电阻，以及冷却水的压力、流量和温度；检查液压系统中、高、低压实际变化情况，油质污染情况；测量各安全阀、压力阀及各种保护装置的主要整定值等是否正常。

5）分析：根据以上程序进行科学、综合分析，排除不可能发生故障的原因，准确地找出故障的原因和故障点，提出可能的处理方案，尽快排除故障。

1.3.3 故障诊断方法

采煤机常用故障诊断方法有温度监测法、振动诊断法、铁谱分析法及比较智能的神经网络诊断法，其中神经网络诊断法包括人工神经网络、模糊神经网络、专家系统诊断、混合智能算法及自适应学习率网络等诊断法（见图 1 - 2）。

采煤机各部件在实际运行中的温度情况能直接反映出采煤机的工作状态及各部件是否运行正常。当采煤机内部的轴承或摩擦零件之间出现故障后，产生的表征现象为温度急剧升高，温度监测法利用高精度的温度传感器对采煤机各部件温度进行采集和实时监控，从而根据实际监控温度数据准确、快速、高效地判断采煤机各部件故障状态。此外，温度监测法不但可以实现对采煤机的工作现状进行有效判断，同时，还可以实现对采煤机的故障进行预测，让采煤机的故障可以在产生之前得到预防。

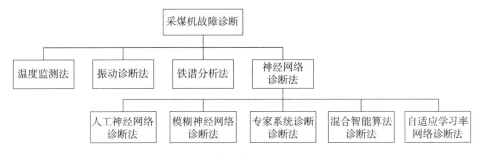

图 1 - 2　采煤机常用故障诊断方法

采煤机在实际采煤作业时，各部件的振动频率和振动幅度存在一定的规律性，通过加速度传感器对采煤机各部件振动数据进行采集和实时监控，同时，对采集的振动数据进行分析和对比，进而可得出采煤机的故障特征，从而掌握采煤机的故障情况。例如，在采煤机齿轮故障的诊断中，可以通过收集采煤机齿轮的振动信号，在信号调理电路及计算机的分析下获取齿轮的振动幅值和频率，并通过调用故障库得出采煤机的实际故障情况。

通过对采煤机常见故障的分析和判断可以看出，采煤机产生的故障问题，很多情况下是系统内部的工作元件磨损所造成，通过收集和分析设备内部磨损产生的颗粒，可以有效掌握设备的整体运行状况，判断采煤机的故障情况，这种诊断方法称为铁谱分析法。该方法主要是使润滑油流经高梯度的强磁场环境，在强大的磁场作用和重力作用下，润滑油收集到的磨损金属屑颗粒可沉积在基片上，然后将其制作成透明的图片，通过实验室显微镜分析这些颗粒的具体排列情况，最后使用光密度系统获取收集颗粒的具体数量。依照所得到的磨损金属屑颗粒排列形状和实际数量，可以有效判断出采煤机内部产生的磨损情况，以及产生磨损的具体位置，这一方法可以有效实现对采煤机内部故障的诊断及预测。

神经网络诊断法是比较智能的故障诊断方法，特别适用于采煤机这类大型机械设备。它主要是通过使用物理元件对生物的神经元网络结构进行功能模拟，在采煤机的故障诊断中，神经网络诊断法具有诸多优势，如容错能力较强、能实现自学能力和高推理能力等。依靠这些优势，神经网络诊断法在采煤机的故障诊断中，发挥出非常明显的作用。采煤机在出现故障之前，故障点所产生的映射过程非常明显，同时也比较复杂，而运用神经网络诊断法，可以将采煤机的系统故障在工作中进行处理。相关检修人员可以通过实时监测，将采煤机产生故障之后的信号进行合理判断，同时将故障产生的原因和具体故障部件，描述为一种非线性的映射关系，这样可以帮助检修人员对故障进行准确判断，实现了故障实时性排除。

■ 1.4 采煤机常见故障处理

1.4.1 故障处理方法

对于机械故障的处理较为简单，一般对损坏的轴承或齿轮等零件进行更换或维修即可。

在处理电气故障时，常用的方法有电压测量法、电流测量法、电阻测量法、替换法、勾线法、分段查找法等。要先虚心听取现场人员反映情况，了解采煤机在发生故障前的运行情况，了解设备工作原理及构造，认真观察电压、电流、功率、噪声、振动、温升及有无焦煳气味和发热冒烟等现象。若发生开关故障，则先查电源电压是否正常，在处理完成后，观察各手柄、机械机构是否正常，内部挡位开关、整定值是否正确等。具体处理电气故障方法如下。若电动机不能启动，则要检查电动机的按键、变压器和控制回路，对电动机进行维修或更换；若变压器烧毁，则要添加防震垫，更换规定值保险管，同时安装新的变压器；若在启动电动机时声音异常、电动机不转，则要测量电动机绝缘值找出断点，如果测量值正常，则要查找是电动机内部卡住还是电动机轴后面的机械传动系统出现问题；若电动机在运行中停止转动，要停机并检查绕组温度，同时降低牵引速度；若电动机烧毁，要及时更换，还要降低负荷、处理冷却水和更换新轴承等。

液压故障相对比较复杂，同时不容易准确判断故障区域。这是因为采煤机在环境比较恶劣的矿井中工作，为了有效防止液压系统发生二次污染，因此，不能直接打开采煤机的液压系统进行故障诊断，进而造成采煤机的液压故障不能得到及时的诊断和排查，这会影响整个煤矿开采的工作质量和效率。常见的液压故障处理方法如下。

1）高压正常，背压低：故障一般在控制背压元件、低压管路、辅助泵、失压保护阀等处。

2）背压正常，高压低或无高压：这种故障往往无牵引，主要查找高压溢流阀、梭形阀、高压管路、主泵、电动机等处是否有泄漏，主泵是否有摆角。

3）高、低压都正常但仍存在机械故障：检查制动闸、机械传动系统是否正常。

4）高、低压都不正常：一般是高压系统有严重泄漏。

5）复杂故障综合分析：根据现场情况观察温度变化、压力变化、机械动作过程、各阀的动作顺序，并与液压系统工作原理结合分析找出故障原因及故障点。

1.4.2　故障处理注意事项

在井下工作面处理滚筒式采煤机的故障是一个十分复杂的工作，既要及时、准确处理好故障，又要时刻注意安全，所以在处理故障时应注意以下事项。

1）在排除故障时，必须先检查顶板、煤壁的支护状态；断开电动机的电源，打开隔离开关和离合器，闭锁刮板输送机；接通采煤机机身外的照明，将防滑、制动装置处于工作状态；将采煤机周围清理干净，在机身上挂好篷布，防止碎石掉入油池或冒顶片帮伤人。

2）判断故障要准确、彻底。

3）更换的元部件要合格。

4）元件及管路的连接要严密、牢固，无松动、渗透等现象。

5）元件内部要保证清洁，无杂质及细棉丝等物。

6）拆装的部位顺序要正确。

处理完毕后，首先要清理现场、清点工具，检查采煤机中有无弃物、异物；然后盖上盖板，注入新油并排气；最后进行试运转。在试运转合格后，检修人员方可离开现场。

■ 1.5　采煤机重点部件修理工艺

1.5.1　大修采煤机重点部件的修理单位应具备的条件

（1）大修采煤机滚筒

首先，修理单位具备设计并制作适应不同地质煤层采煤机滚筒的能力。此外，还需拥有齐全的安全生产标准化证书。

其次，修理单位具备雄厚的技术力量。技术人员由从事煤炭行业及采煤机滚筒研究制作几十年的技术专家组成，且具备新滚筒的设计能力。

最后，修理单位具备以下先进加工设备：

1）具有 500 吨标称压力的超大型压力机，配备压制碟形端盘、螺旋叶片专用模具，可压制直径为 3 000 mm、厚度为 90 mm 及以下各种型号滚筒的端盘、叶片，并保证碟形端盘形状、尺寸及螺旋叶片的平滑连接；

2）具备先进的焊接平台，精确定位齿座设计角度，齿座定位角极限偏差不超过 ±1.5°，保证滚筒设计的截割效果；

3）具有先进的数控等离子火焰切割机，使各种型号钢板下料形状规则，尺寸准确误差不大于 1 mm，外观平滑，保证滚筒制作技术与质量要求；

4）具备机械手焊接设备，确保各处焊缝焊接强度大于端盘、叶片等钢板本体强度（Q345 钢板抗拉强度 470~630 MPa），确保滚筒端盘、齿座、叶片、法兰等焊接牢固，不开裂。

（2）大修采煤机结构件

采煤机结构件主要包括采煤机底托架、摇臂、牵引箱、电控箱及外行走箱等。由于采煤机整机采用积木式的对接方式，对相关对接尺寸要求严格。同时，摇臂和牵引箱内部都装有齿轮减速传动结构，对各个轴孔的轴承位和同心度，以及轴孔之间的孔间距要求精度也比较高。需要高精度镗铣床完成作业。

采煤机底托架全长 9 m 左右，分为 3 块对接连接，每块 3 m 左右。其中左、右两块大底依靠 4 套铰接孔通过铰接轴分别与左、右摇臂连接，对口面有 1：100

和 10°角的燕尾槽及 26 条螺栓与中间段连接。在大修时，一端需对 1 400 mm ×
1 200 mm 的对口面进行平面、燕尾槽和螺栓孔加工，另一端需对铰接孔加工。
加工过程需在大底平台找平、找正后，各个加工面一次加工完成。铰接孔中心线
与对口面保证平行度达到精度 IT5 级要求，燕尾槽精度 IT4 级要求，铰接孔的同
轴度、圆度达到精度 IT3 级要求，对口面平面度达到精度 IT4 级要求。加工设备
性能最低需要具有 2 m 以上 360°回转台和水平行程 6 m、高度行程 4 m、方箱行
程2 m 以上的立式数显镗床。

采煤机摇臂长度最长为 3.2 m 左右。摇臂内布置有 6 套传动轴和一套行星减
速机构，大修时需要对变形和尺寸超差的轴承孔位进行修复。在加工时需对摇臂
在回转台上找平、找正，一次性对需加工的孔位全部加工完成。每套轴孔的同轴
度要保证精度 IT3 级，孔与孔的平行度、垂直度和倾斜度保证精度 IT4 级，所需
加工设备性能最低同上述数显镗床。

大修牵引箱、电控箱加工程序基本与上述的加工方法相同。所需加工设备性
能最低同上述数显镗床。

（3）大修采煤机变频器

大修采煤机变频器应具备以下设备及仪器。

1）四通道示波器，要求带宽为 70/100/200 MHz，存储深度为 5 兆点；用于
对 3 路输入或输出电流传感器同一信号源的同时测试筛选，确保每组（3 只）传
感器采集信号的一致性；检测双极性 SPWM 波形。

2）晶体管测试仪，测量值上限为电压 2 000 V、电流 370 A、分辨率 2 mV；
用于筛选驱动对管的特性值，确保互补性能良好。

3）数字钳形表，精度至小数点后两位，可测高压；用于在大修后测试采煤
机变频器显示电流，并与实测电流进行比对。

4）RUSB – 02 适配器及 DriveWindow 编程软件，用于在更换采煤机变频器主
板时，对主板进行软件编程，并在试验时对整机运行状况实时监控。

5）模拟综合试验台，可提供 300% 转矩负荷量，用于整机模拟测试。

6）高精度 LCR 数字电桥，用于测试电容电感器。

大修完成后，整机应组装完好，并对整机进行模拟综合测试；提供整机软件
设定的相应转矩输出值、极限电流值等参数。

采煤机变频器以 ABB 变频器为核心平台，检修人员应具有 ABB 官方培训认证，修理单位同样应具有 ABB 官方维修资质认证证书。

1.5.2 拆卸要求

根据检修的采煤机准备合适的拆卸工具，包括紫铜棒、扳手、锤头、绳头、钎子等；准备好所需的材料，包括砂纸、棉纱、清洗剂、油石、塑料薄膜、油盘等。根据装配图，按照从外到里的顺序将零部件拆卸下来归类存放，并在打开盖，决定检修方法前，测定有关零部件的性能，做好原始备忘记录。对于相似或不容易记住安装顺序的零部件，在拆卸前应做好标记；对于配合较紧密的零部件，严禁硬性拆卸，防止损坏；对于需加温拆卸的零部件必须加温拆卸；对于通过正常方法无法拆卸，如轴承过热与轴承室粘连等情况，需破坏性拆卸的零部件，必须经技术人员审核后方可进行拆卸；对于需敲打的零部件，要先垫上橡胶木板垫，再用紫铜棒进行敲打，防止零部件变形、损坏。

1.5.3 零部件清洗

根据不同的零部件选择合适的清洗剂。用木片等较软物将零部件表面的油污等除掉，对于黏胶密封处要用泡沫、海绵等物清洗。将零部件放入清洗剂中，用棉纱或布进行擦洗，直到零部件表面擦洗干净。所有液压元件的擦洗严禁使用棉纱，一律使用海绵。把清洗干净的零部件放在地托架上，用布擦干，按类码放好，严禁碰撞，并用薄膜盖好。

1.5.4 零部件检查

根据零件图及检验标准，依次测量零部件的大小尺寸、表面粗糙度及形位公差，并做好备忘记录。把检查合格的零部件，按类存放整齐；液压系统中的关键部位，如泵和电动机，必须全部拆下做容积效率试验，若容积效率低于90%，则全部更换。按检查情况，确定所需材料、更换零部件数量及制订切实可靠的修复方案。

1.5.5　滚筒的修理

（1）滚筒的结构与作用

滚筒是采煤机的工作机构，其作用主要有两方面：一是将煤体从煤壁上截割下来；二是靠滚筒上的螺旋叶片将截割下来的煤体装入工作面输送机。由于采煤机电动机功率的绝大部分消耗在滚筒的落煤和装煤上，因此，滚筒的结构和参数（主要包括螺旋叶片升角和高度、截齿排列状况和数量、截齿的结构及锋利程度等）对功率消耗影响很大。此外，滚筒对块煤率、煤尘的生成量及采煤机工作时的稳定性等也有很大的影响。

滚筒为螺旋滚筒，按叶片的螺旋方向分为左旋滚筒和右旋滚筒，左旋、右旋滚筒转速相同，转向相反，滚筒转向采用反向对滚，即站在采空侧看，左旋滚筒逆时针转动，右旋滚筒顺时针转动。

滚筒为焊接结构，其端面示意如图 1 - 3 所示。为了适应截割硬煤，增强了滚筒的耐磨强度，在排煤口叶片的排煤面上堆焊了耐磨层，以提高其耐磨性和工作可靠性。为适应电牵引采煤机的需要，滚筒采用多头螺旋叶片；为提高开机率，充分发挥电牵引采煤机的效力，截齿采用扁截齿和锥形截齿，增加了端盘、叶片和壳体的厚度以提高滚筒的强度，增加其工作可靠性。滚筒的端盘采用碟形结构，以减少滚筒在割煤过程中端盘与煤壁的摩擦损耗，减小了采煤机前进过程中的牵引阻力。本机选用海德拉滚筒。

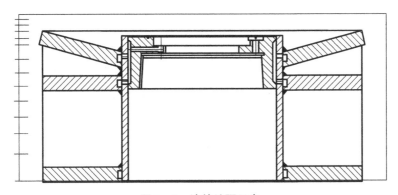

图 1 - 3　滚筒端面示意

采煤机设有内喷雾装置，以提高降尘效果。在滚筒的螺旋叶片上钻有径向小孔水道，每一个水道安装一只喷嘴，每只喷嘴布置在截齿与截齿之间，离截齿较近，以便在煤尘尚未扩散之前就将其扑落，由此大大提高了降尘效果，端盘上也布置有多只喷嘴。

滚筒采用方形法兰连接。利用方形法兰将滚筒安装在摇臂的输出轴上，并用螺栓进行轴向固定，再利用铁丝串接防松。

（2）滚筒的维修

先将滚筒与摇臂输出轴的连接螺丝取下，再利用顶丝孔将滚筒拆下。检查滚筒齿座磨损情况，若齿座磨损严重，则应进行更换。螺旋线处不得有裂纹。更换齿座须提供相关证件。齿座焊接必须保证焊接强度，其抗切力要大于 11 tf（约 107.8 kN）。滚筒与摇臂连接处的定位销孔，其圆柱度不得大于 0.8 mm。对超差部位的补焊要符合图纸要求。更换的配件须与原机所采用配件技术指标及性能一致。对内喷水道水嘴开裂情况进行修理、矫正，保证内、外喷雾装置齐全，水路畅通，无漏水现象。

1.5.6　大部件壳体的修理重点问题研究

对于承载小、不需热处理及非关键部件、零件、锻件、铆焊件，允许用补焊修复。对于磨损较轻的轴孔等应采用刷镀和喷镀进行修复。修复后的零部件，应根据图纸重新加工，所有尺寸和技术要求都必须符合设备说明书中的图纸要求。各个轴承位的形位公差必须符合图纸要求。

机壳不得有裂纹或变形，允许焊补修复，铸铁机壳只能在非主要受力的部位进行焊补修复，并应采取防止变形、消除内应力的措施。盖板不得有裂纹或变形，结合面应平整严密，平面度不得超过 0.3 mm。减速器壳直接对口面的不平度不大于 0.05 mm，接触面上的划痕长度不得大于接触宽度的 2/3，深度不得超过 0.3 ~ 0.5 mm。减速器不直接对口的平面，不平度不大于 0.15 mm，接触面可涂密封胶。镗孔无机械损伤，椭圆度、圆锥度不大于原配合公差的 1/2。

1.5.7　装配重点要求

根据设备装配图，按照从里到外的顺序（原则上装、拆的顺序相反）将零部件依次装好，在装配时应注意拆卸时所做的标记，并涂少量防锈油。在装配时严禁硬打硬碰，轴承等应采用专用工具，需加温装配的零部件必须加温。在装配轴承时，应放入占轴承空间 65% 的润滑脂。更换所有橡胶密封垫。在装配时，应调好间隙，符合装配要求。键销等小件不能漏掉，配齐螺栓弹垫，垫好 O 形圈并紧固。在装配时，应用压铅丝的方法测量各级齿轮的啮合间隙，并将各齿轮啮合间隙做备忘记录，啮合间隙必须符合设备说明书要求，否则必须加以调整。在合盖前，检查各零部件是否齐全，有无漏放杂物、工具等情况。

1.5.8　试运转

在所有需要加油的部位加注规定牌号的润滑油，注油量严格按照设备说明书规定要求。对机器进行空载运转 1.5 h，正、反转各 45 min；加载运转 1 h，正、反转各 30 min。对更换的新齿轮应先进行 2 h 的啮合试运转，正、反转各 1 h。

整机空载试运转 6 h，每隔 30 min 记录一次温度，并测定摇臂下垂距离。整机试运转要求如下。各部位注油量应达到规定位置，所有连接件必须紧固。各结合面不得有漏水、漏油现象。摇臂升降、底托架调斜，必须均匀平稳。滚筒从最高位置降到最低位置时间小于 2 min，从最低位置升到最高位置时间小于 2.5 min。将牵引速度从零位升至最大，然后再返回零位，反复试验 30 min，牵引速度应符合设备说明书要求。将牵引部手柄放在最大牵引速度位置，合上截割部离合器手柄进行 30 min 空载运转。滚筒调至最高位置，牵引部正向牵引运转 1 h；滚筒调至最低位置，牵引部反向牵引运转 1 h。调整系统试验，摇臂停在近水平位置，持续 16 h 后，下降量不得大于 2.5 mm。若出现任何不符合要求的情况，则必须停机处理，待处理后再进行试运转。

■ 1.6　采煤机在实际运行中减少故障的经验

1.6.1　齿轨轮

在齿轨轮轴处应及时加注润滑脂，保证轴承的良好润滑，否则容易导致行走轮故障；在机组行走时应及时检查齿轨轮齿条上是否存在异物、变形、缺轴等现象，并对运输机底鼓、凹点等情况采取相应措施，保证行走轨道平直、完好；避免齿轨轮发生掉牙等非正常损坏现象；避免采面走向出现大角度的俯采、仰采，严格保证采面运输机移溜间距，即与采煤机身距离不小于15 m，以改善齿轨轮受力状况。

1.6.2　导向滑靴

应及时检查并测量导向滑靴的磨损量，若超标，则需提前更换，导向滑靴磨损变形超限将导致机组在行走时脱出齿轨，或导致导向滑靴开裂甚至断开；在作业时，随时检查运输机齿轨情况，及时发现齿条缺轴、溜槽对节出现较大高差、齿轨上有异物、移溜距离不足等造成导向滑靴损坏的情况，尤其在工作面回采初期，由于运输机受底板条件限制常出现底鼓、凹点等特殊情况，此阶段是行走机构发生故障的高峰期，应加强检查维护。

1.6.3　牵引传动箱

应重点检查牵引传动箱中高速轴轴承、齿轮的情况，若有问题，则应提前更换，造成牵引传动箱温度较高的原因多是高速轴出现异常；经常检查牵引传动箱内进水和油位、油质的情况，保证轴承、齿轮的良好润滑；及时紧固牵引传动箱箱体结合面螺栓，更换相应部位密封，漏油多发生于箱体结合面，以及牵引传动箱高速轴压盖、输出轴端面等处，原因是相应部位密封件损坏。

1.6.4　制动闸

经常检查制动闸摩擦片磨损及胶合情况，制动闸摩擦片磨损或胶合将导致制动闸抱死，制动闸摩擦片磨平，制动力不足会导致制动失效；检查制动闸供液情况、制动电磁阀完好情况及制动活塞密封情况，若有问题，则需相应处理；机组给牵引时电动机转动困难甚至闷车、不能牵引，同时伴有较大咬劲声音，可能是制动闸无法打开。

1.6.5　截割机构

及时更换截齿，在割矸时严格按规定放振动炮。在操作时随时注意采高，避免损伤截割支架顶梁或刮板运输机铲煤板。避免截割电动机长期高负荷运转，改善传动系统受力情况。经常检查摇臂油量，以及是否存在漏油情况，若发现漏油，则应及时处理；此外，应重点检查高速轴部位温度、声响，若有异常，则应提前更换，以防事故恶化，损坏整个摇臂，因摇臂高速轴在滚筒处于下降位置时，基本处于贫油状态，且转速极高，若存在轴部漏油，则将加剧轴承老化，从而导致齿轮损坏，严重时甚至因轴承珠粒损坏导致整个摇臂损坏。

1.6.6　液压系统

应经常检查高压过滤器滤芯情况，若发现有脏物，则需及时冲洗或更换，同时在更换管路、液压元件时必须保证不能将杂物带入系统。液压系统故障，如摇臂升降慢、摇臂不升降、密封损坏等，多数由于油不干净。处理液压系统故障时不要盲目打开盖板，首先，应根据经验初步判断故障点，然后再继续往下找，接上压力表，根据高、低压表显示的压力变化与液压原理相结合判断准确的故障点。在分析和查找过程中，应特别注意温度、泄漏、压力和机构动作时间之间的关系。在查找故障时，特别是微小泄漏造成的故障，油温最好达到 40 ℃。处理完故障并注油后对液压系统进行排气。在试运转时，观察液压元件的动作机构是否符合标准，油液排出的量、压力、顺序是否正常。打开盖板的箱体易进煤尘，因此，应有防止煤尘掉入的措施；此外，应有专人负责工具、物件等，防止其遗留在箱体内。

■ 1.7　智能化采煤工作面采煤机的使用研究

智能化综采（intelligent fully – mechanized mining）是指在传统综合机械化采煤技术基础上，采用具有感知能力、决策能力和执行能力的液压支架、采煤机、刮板运输机等开采装备，以自动化控制系统为核心、可视化远程监控为手段，实现工作面采煤全过程"自动跟机，现场集控"的安全高效开采模式。其集成智能控制系统（integrated intelligent control system）是在传统综采自动化控制系统的基础上，依托网络、大数据、物联网等技术支持，形成对综采工作面采煤机控制系统、液压支架电液控制系统等单机控制系统的集成，实现数据交互，统一监测、控制和协调运行。在智能化采煤工作面上，对采煤机的设计、选型、控制系统、安装、验收、运行质量、操作、回撤等都有相关要求，以下是开滦集团的一些经验。

1.7.1　设计、选型及控制系统

智能化采煤工作面采煤机设计必须包含如下功能。

1）记忆截割（memory cutting）：是指采煤机按照学习和记忆的示范刀具运行参数进行自动导航、自动截割、自动清浮煤、自动斜切进刀等工作。

2）自动跟机（automatic follow-up）：是指集成智能控制系统通过红外传感等方式，感知采煤机的位置与方向，使液压支架跟随采煤机完成自动移架、自动推移刮板运输机、自动喷雾等作业。

3）机架协同（rack coordination）：是指依托集成智能控制系统、采煤机控制系统、液压支架电液控制系统，通过数据交互，控制采煤机、液压支架协同动作，实现两者启停转换。

智能化采煤工作面采煤机的选型除满足 GB/T 35060.1—2018、MT/T 83—2006、MT/T 84—2007 之外，还应满足如下要求。

1）配备具有记忆截割功能的自动控制系统，控制延时应不超过 300 ms；

2）采煤机通信接口宜配置 RJ45 连接器，相关割煤参数数据开放式传输；

3）应配备姿态检测、滚筒高度测量、采煤机位置定位等装置。

智能化采煤工作面采煤机的控制系统应满足如下要求。

1）在远程遥控模式下，应具有通信安全检测功能，在通信失效时，可自动进入安全停机状态；

2）应具有采煤机运行工况数据监测和显示功能，监测及显示内容有启停状态、通电状态、通信状态、各电动机的电压、电流、功率，左旋、右旋滚筒和牵引电动机温度、牵引方向、速度，变频器冷却水流量、压力，油箱温度，左旋、右旋滚筒采高范围及卧底量，采煤机在工作面的位置，各种故障显示及存储等；

3）应具有采煤机远程控制功能，主要包括采煤机滚筒升、降、左牵引、右牵引、加速、减速、急停等功能；

4）应具有全工作面自动记忆截割功能；

5）具备三角煤区域机架协同控制功能；

6）应具有故障自诊断功能，并实时显示故障信息、各项保护运行状态；

7）应具有故障报警及设备启动语音预警功能；

8）应具有采煤机与液压支架之间的联动互锁及位置显示功能；

9）应具有远程急停、闭锁控制功能；

10）应具有依据刮板运输机负荷、甲烷浓度等环境信息，自动控制采煤机割煤速度功能。

1.7.2　安装及验收

智能化采煤工作面采煤机的安装及验收除满足 GB 50946—2013、MT/T 81—1998、MT/T 82—1998 之外，还应满足如下要求。

1）空载运转速度、全截深割煤速度等机械、液压性能，应达到设计要求；

2）配套智能化设备设施（如采高传感器、位置传感器、瓦斯传感器、缆线等）安装位置正确、附件齐全、固定牢靠、保护到位；

3）采高监测传感器精度误差不大于 50 mm，位置监测精度误差不大于 50 mm，倾角监测精度误差不大于 1.0°；

4）远程控制响应时间应不超过 300 ms，以上项目检查方法包括现场检查、测试。

智能化采煤工作面采煤机控制系统的安装及验收应满足如下要求。

1）通信性能达到设计要求，防干扰措施到位；

2）监测显示功能达到设计要求，工况参数（包括通信状态、运行模式、速度、方向、位置、截割高度，以及电动机电压、电流、温度等）数据准确、上传及时、显示齐全；

3）远程控制功能达到设计要求，远程控制（包括采煤机滚筒升降、加速、减速、左牵引、右牵引、急停等）功能齐全，动作灵敏可靠；

4）记忆截割、三角煤区域机架协同功能达到设计要求，运行状况良好，可以远程开启或关闭记忆截割功能；

5）故障自诊断功能达到设计要求，实时显示故障信息、各项保护运行状态、各电动机的故障报警和其他故障报警信息；

6）远程急停、闭锁控制功能可靠；

7）能够依据刮板运输机负荷、甲烷浓度等环境信息，自动控制割煤速度。

以上项目检查方法包括查看运行记录，现场检查、测试。

1.7.3 运行质量

运行质量（operation quality）是指智能化采煤工作面巷道、设备及控制系统等在日常生产过程中，质量标准化等技术规范、设备及系统性能达标程度。智能化采煤工作面采煤机运行质量除满足《煤矿用非金属瓦斯输送管材安全技术要求》（AQ/T 1017—2009）、《煤矿安全规程》、《煤矿安全生产标准化管理体系基本要求及评分方法》之外，还应满足如下要求。

1）采煤机记忆截割循环应达到当班作业循环的80%以上（工作面遇到较大地质条件变化情况除外）；

2）相关内容执行《智能化自适应技术采煤工作面第2部分：安装验收》中第4.3.1条b）、c）、d）款的要求。

3）中部记忆截割、三角煤机架协同控制割煤功能正常，使用率达85%以上；

4）远程控制各项功能正常，使用率达85%以上；

5）每天每班按时对采煤机各传感器读数进行检查、标校，监测数据准确，有关运行记录齐全；

6）每天每班按时对采煤机就地控制、遥控控制、远程控制功能等进行详细检查，各项功能正常使用，有关运行记录齐全；

7）按规定进行定期维护及保养，线缆整洁、功能齐全、显示准确、操作可靠，设备完好率达100%，保养记录齐全。

1.7.4 操作

智能开采人员必须经培训合格后，持证上岗。智能开采人员负责在采煤过程中对智能化采煤工作面采煤机、液压支架、刮板运输机等设备及环境进行跟机巡查，处置紧急情况。

操作除满足设备出厂使用说明书之外，还应满足如下要求。

1）坚持采用"采煤机记忆截割 + 液压支架自动跟机 + 可视化远程干预"智能化生产模式，智能化综采设备应在监控中心进行一键顺序启动、停机；

2）当地质条件发生变化时，应通过监控中心监控视频、监测数据及远程控制系统进行干预、调整设备。

在操作前必须对智能化系统进行如下确认。

1）各系统主机之间通信正常，无故障；

2）乳化液浓度符合《煤矿安全规程》要求，水箱及液箱液位不低于 2/3，各泵油温处于正常状态；

3）工作面沿线扩音电话无"闭锁"状态，监控中心与工作面语音通信正常，通话清晰洪亮、无噪声；

4）操作台处于"闭锁"状态，控制系统控制方式处于"就地"模式；

5）一键启动前的视频安全确认，当总控旋钮旋至"集控"位置时，出现采煤机左旋滚筒、右旋滚筒、带式运输机、刮板运输机机头转载点视频监控画面；

6）采煤机控制系统通信正常，无故障；

7）采煤机采高、位置，以及各电动机电压、电流、温度等运行参数显示正常，且处于正常范围，无故障报警；

8）采煤机视频监控功能正常，监视范围合理，画面清晰、无卡顿；

9）采煤机操作台所有按键、旋钮动作灵敏可靠。

当工作面地质条件发生较大变化时，监控中心采煤机监控员进行远程干预调整，操作遥控手柄调整采煤机采高、速度、方向，或操作急停按钮进行紧急停机。

在采煤作业结束后，按下一键停机按键，工作面所有设备顺序停机。

1.7.5　回撤

在回撤前勘查回撤线路、确定运输方式、检查运输设备；回撤的智能化综采设备设施统一交由归口单位进行验收入库，并进行建档管理。采煤机的红外线发射器及附属线缆全部拆除，编码器不拆除。

回撤工作实行编码管理，应满足以下要求。

1）摄像仪在拆除后应根据"×××号架—用途"的方式进行编码。例如，

1 号液压支架摄像仪编码分别为 001 号架—煤壁摄像仪、001 号架—支架摄像仪。

2）通信线缆应根据"缆线用途：拆除端设备名—被拆除端设备名"的方式在分接设备处编码。例如，监控中心与泵站 PLC 控制柜网线编码为"网线：监控中心—泵站 PLC 控制柜"。

拆除的智能化综采设备及缆线等应有防护措施，并装箱统一管理；未拆除的管路和线缆应在合适位置盘圈、绑扎，两端口应有防尘、防污等保护措施。智能化综采设备设施回收率应为 100%。

2.1　掘进机的结构及工作原理

掘进机（见图2－1）是以机械方式破落煤岩的掘进设备，具有截割、装载、转载煤岩等功能，可自行行走，利用喷雾降尘，部分掘进机具有支护功能。掘进机具有掘进速度高、成本低、围岩不易被破坏、利于支护、减少冒顶和瓦斯突出、减少超挖量、改善劳动条件、可提高生产安全性等优点。

图 2－1　掘进机示例

掘进机根据所掘断面的形状，分为全断面掘进机和部分断面掘进机。全断面掘进机适用于直径为 2.5 ~ 10 m 的全岩巷道、岩石单轴抗压强度为 50 ~ 350 MPa 的硬岩巷道，可一次截割出所需断面，且断面形状多为圆形，主要用于工程涵洞及隧道的岩石掘进。

部分断面掘进机一般适用于岩石单轴抗压强度小于 60 MPa 的煤巷、煤 – 岩巷、软岩水平巷道，但大功率部分断面掘进机也可用于岩石单轴抗压强度达 200 MPa 的硬岩巷道。部分断面掘进机一次仅能截割一部分断面，需要工作机构多次摆动、逐次截割才能掘出所需断面，断面形状可以是矩形、梯形、拱形等多种形状。

部分断面掘进机截割工作机构的刀具作用在巷道局部断面上，靠截割工作机构的摆动，依次破落所掘进断面的煤岩，从而掘出所需断面的形状，实现整个断面的掘进。部分断面掘进机按工作机构可分为冲击式掘进机、连续式掘进机、圆盘滚刀式掘进机、悬臂式掘进机 4 种。其中悬臂式掘进机在煤矿应用广泛。

悬臂式掘进机按截割头的布置方式，可分为纵轴悬臂式（EBZ 型）掘进机和横轴悬臂式（EBH 型）掘进机两种；按掘进对象，可分为煤巷悬臂式掘进机、煤 – 岩巷悬臂式掘进机和全岩巷悬臂式掘进机 3 种；按机器的驱动方式，可分为电力驱动（各机构均为电动机驱动）悬臂式掘进机和电 – 液驱动悬臂式掘进机两种。

掘进机由截割部、铲板部、第一运输机、本体部、行走部、后支撑、液压系统、水路系统、润滑系统、电气系统等构成。掘进机结构如图 2 – 2 所示。

截割部（见图 2 – 3）又称截割机构，其作用是破落煤岩。截割部由截割头（见图 2 – 4）、截割臂（伸缩部）、截割减速器、截割电动机、推进油缸、盖板等组成。

铲板部由主铲板、侧铲板、铲板驱动装置、从动轮装置等构成，通过两个液压电动机带动弧形三星齿轮，把截割下来的煤体装入第一运输机内。

第一运输机为边双链刮板式运输机，位于机体中部。第一运输机分为前溜槽、后溜槽两部分，前、后溜槽用高强度螺栓连接。第一运输机前端通过插口与铲板和本体销轴连接，后端通过高强度螺栓固定在本体上，采用两个液压电动机直接驱动链轮，带动刮板链组实现煤体运输。

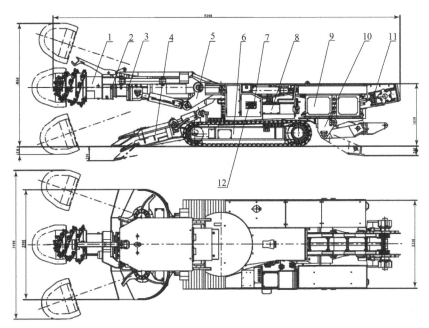

图 2-2　掘进机结构

1—截割部；2—润滑系统；3—水路系统；4—铲板部；5—本体部；6—行走部；7—铭牌；
8—液压系统；9—电气系统；10—后支撑；11—第一运输机；12—标牌铆钉 φ3 mm×6 mm

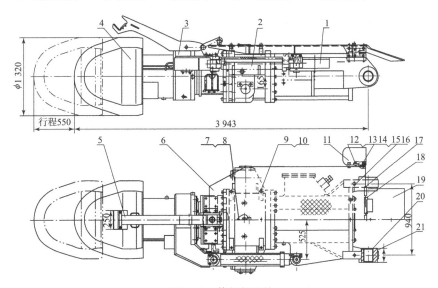

图 2-3　截割部结构

1—截割电动机；2—截割减速机；3—伸缩器；4—截割头组件；5—托梁器；6—盖板；
7—螺栓 M12×25 mm；8—垫圈 12 mm；9—螺栓 M20×60 mm；10—垫圈 20 mm；11—灯护罩；
12—螺栓 M12×40 mm；13—螺母 M12；14—螺栓 M20×65 mm；15—螺母 M20；
16—螺栓 M30×210 mm；17—销 5 mm×30 mm；18—轴；19—活盖板；20—防尘圈；21—衬套

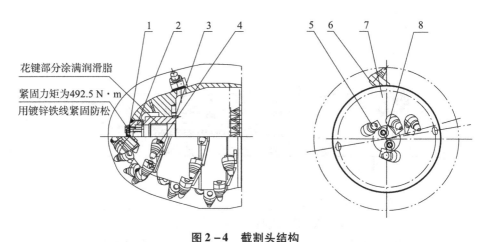

图 2 - 4　截割头结构

1—垫圈 30 mm；2—螺栓 M30 × 90 mm；3—ϕ20 mm 销轴；4—喷嘴；5—截齿；6—挡圈 38 mm；
7—筒壁；8—镀锌低碳钢丝 ϕ4 mm × 300mm

　　本体部以厚钢板为主材料焊接而成，位于机体中部。本体部的右侧装有液压系统的泵站；左侧装有操纵台；前面上部装有截割部，下部装有铲板部及第一运输机；在其左、右侧下部分别装有行走部，后面装有后支撑。

　　行走部主要由定量液压电动机、减速机、履带链、张紧轮组、张紧油缸、履带架等部分组成。定量液压电动机通过减速机及驱动轮带动履带链实现行走。

　　后支撑的作用是减少在截割时机体的振动，提高工作稳定性并防止机体横向滑动。

2.2　掘进机主要技术指标的适用性

　　根据煤巷、煤-岩巷、软岩水平巷道要求，技术指标包括掘进宽度、掘进高度、爬坡能力、截割岩石硬度、下切深度（卧底深度）、供电电压、截割电动机功率、油泵电动机功率、柱塞变量双泵流量、截割头伸缩长度、装载形式、第一运输机形式、装载能力、行走速度、整机质量、结构形式等。

　　以下为某工作面对 160 kW 掘进机技术指标要求，分为两个部分。

2.2.1　主要技术指标要求

　　掘进宽度≥5.4 m；掘进高度≥4.8 m；爬坡能力≥18°；截割岩石硬度 f≥7；

下切深度≥350 mm；供电电压为 AC 1140 V/660 V；截割电动机功率为160 kW/100 kW（高速/低速）；油泵电动机功率为 90 kW；柱塞变量双泵流量≥130 L/min；截割头伸缩长度为 550 mm；装载形式为弧形三齿星轮式；第一运输机形式为边双链刮板式（弹簧丝杠张紧）；装载能力≥4.2 m³/min；行走速度为（0～7）m/min（油缸张紧、卡板锁紧）；整机质量≥45 t。

2.2.2　一般技术要求

掘进机应采用整体式主机架，结构简单、刚性大、稳定性良好；应能适用于巷道的掘进；整机要求结构紧凑，机身高度低，后支撑面积大，具有良好的稳定性；应能适用在有瓦斯、煤尘或其他爆炸性气体的矿井环境中；具有内、外喷雾，内喷雾系统须加装减压阀，设计应合理、可靠，满足《煤矿安全规程》要求；本体部、后支撑应采用箱体形式焊接结构，刚性好、可靠性高；设有制动系统及防滑保护装置；截割机构和装运机构设有过载保护装置；液压系统设有过滤装置、压力保护装置，以及温度、油位检测显示装置；截割机构升降油缸、回转油缸、铲板升降油缸的平衡阀（液压锁）要求配置在液压油缸的缸体部位；电控系统应设有紧急切断和闭锁装置，在司机位另一侧装有紧急停止按钮；电控系统具有多种电气安全保护系统，具有液晶汉字动态显示的功能；关键部位（截割减速器高速轴及行星轮系传动）的轴承必须采用优质产品，其他部位也应选用国际、国内知名厂家生产的优质产品；液压系统的主要零部件（主泵、电动机、阀件）均应采用优质产品，主泵宜选用组合变量油泵；截割头截齿及齿座应采用优质产品。

■ 2.3　掘进机运输、组装经验

将掘进机安全地运送到工作面是生产流程的重点。

2.3.1　解体

根据矿井井口提升设备的实际情况，同时参照掘进机使用说明书将掘进机解体。在装载部和后支撑液压缸的作用下或在起重设备的帮助下，将掘进机抬起，使履带悬空，在主机架下垫上枕木以支撑整个掘进机；在液压系统的作用下，收起后支撑油缸，放下铲板，使截割部和转载机处于适当的位置，用木料垫好；将油箱中的油放入干净的容器里；确定需要拆的零部件，从而拆除必要的油管；油管拆除后按顺序拆除零部件。

2.3.2　下井和运输

掘进机在下井及运输时，应按使用说明书所列顺序进行，以避免不必要的调动。对于某些尺寸过大的部件，罐笼装不下时，可系在罐笼之下吊装下井。水平大巷运输，需要电动机车运送、专人护送，发现落道或其他情况，立即发出停车信号，但设备车上不准坐人。进入工作面后，可使用运输绞车或单轨吊运输。在运输过程中，要保证不损坏任何部件。

2.3.3　井下组装

在组装区内的顶板上打上锚索或锚杆供起吊用，有的说明书绘有锚索或锚杆示意图（建议）。在组装前，将巷道中的浮煤、浮矸等杂物清理干净，尽量将地面垫平整。严格按使用维护说明书指定组装，原则上执行"谁拆谁装"的办法，确保组装合格，符合质量标准。重物在起吊时或起吊后，下面不准站人或进行其他工作，若需进行设备的摆正、转动等工作，则需用绳拉或采用长柄工具推的方式。重物起吊时先慢慢试吊，各连接处、受力处必须严密注视。所有零部件，包括弹簧垫、螺栓、销钉等都要组装齐全，未经总工程师批准不准随意弃用任何机构和保护装置。液压系统及水路系统各管接头必须先擦拭干净后再进行组装。安装各连接螺栓及销轴时，在其上应涂少量油脂，防止锈蚀后无法拆卸。各连接螺栓应拧紧；安装各连接销轴时，应注意销轴止动槽口的位置。掘进机在组装前，设备不准接电进行试运转工作。

2.3.4　设备调试

当掘进机安装完毕进行试运转时，必须对各部件的运行做必要的测试。从司机位置看，截割头应逆时针方向旋转；泵站电动机工作后油泵应有压力，操作任一手柄，机器应有相应动作；检查液压系统、管路、阀、油泵、油电动机等连接处不应有泄漏现象；检查内、外喷雾及冷却系统安装的正确性，即内、外喷雾应畅通，喷雾正常，水路系统管路接头无泄漏，水压达到规定值。

■ 2.4　掘进机操作经验

2.4.1　正常操作注意事项

司机应严格按照指示板操作，熟记操作方式，避免误操作而造成事故。在非特殊情况下，尽量不要频繁启动电动机。运输机最大通过高度一般都有规定，因此，当有大块煤或岩石时应先打碎再运走。运输机反转时，注意不要将运输机上的块状物卷入铲板下。启动截割电动机时，应首先鸣响警铃，在确认安全后再启动开车。截割煤体时必须进行喷雾，应将司机座后面的截割头外喷雾阀门打开，确认有喷雾后再进行截割。截割头不能同时向左又向上（或向下）、向右又向上（或向下）运动，必须单一方向操作。油温升到 75 ℃以上时，应停止运行，检查液压系统和冷却系统，待油温下降后再开机。冷却水温升到 40 ℃以上时，应停止运行，检查温升的原因。掘进机前进、后退和转弯时，注意前部的截割头和后部的转载机不要碰倒左、右支架。进行顶板支护或检查、更换截齿作业时，为防止截割头误转动，必须将操作箱上的"支护/工作"转换开关转向"支护"的位置；同时也应将设在司机座前方的使截割电动机不能转动的"紧急停止"按键按下，并逆时针锁紧（在此状态下，油泵电动机还能启动，各切换阀也可以操作，因此，在操作时必须充分注意安全）。当司机远离司机座时，必须使整机断电。当掘进机行走时，必须将前部铲板和后支撑全部抬起。

2.4.2　操作步骤

整机开动操作顺序：开动油泵电动机→开动第二运输机→开动第一运输机→开动星轮→开动截割头；整机停止操作顺序相反。当没有必要开动装载部时，也可以在开动油泵电动机后，直接开动截割电动机。在装载时，若先开动第一运输机，则会在与第二运输机的接头处造成堆积和落煤现象，同时会带来后退困难。在对煤体（岩）进行装运时，应先开启运输部，后开启装载部；在停止装运时正好相反，应先停止装载部，后停止运输部。

掘进机截割操作如下。利用截割头上、下、左、右移动截割，可截割出初步断面形状，此时截割断面与实际所需要的形状和尺寸有一定的差别，可进行二次修整，以达到断面尺寸要求。

一般情况下，当截割较软的煤壁时，采用左、右循环向上的截割方法，截割路线如图 2 - 5 所示。当截割较硬的煤壁时，可采用由下而上的

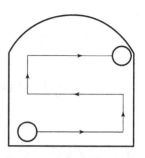

图 2 - 5　掘进机截割较软煤壁时的截割路线

左、右截割方法。不管采用哪种方法，要尽可能地利用由下而上的方式截割，如图 2 - 6 所示。

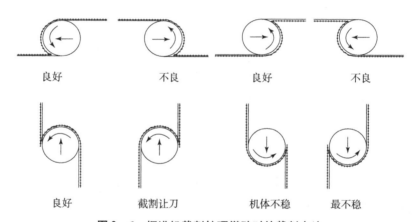

良好　　　　不良　　　　良好　　　　不良

良好　　　截割让刀　　机体不稳　　最不稳

图 2 - 6　掘进机截割较硬煤壁时的截割方法

当遇有硬岩时，不应勉强截割，对部分露头坚硬煤岩，应首先截割其周围部分，使其坠落，并采用适当方法（如用截割头压碎等）处理后再进行装载。当掘进柱窝位置时，应将截割头伸到最长位置，同时将铲板降低到最低位置向下掘进，在此状态下将截割头向回收缩，将煤岩拉到铲板附近，以便装载，最后再人工对柱窝进行清理。

提高掘进操作水平。如果不能熟练自如地操作掘进机，掘出的断面形状和尺寸与所要求的断面会有一定差距。例如，当掘进较软煤壁时，所掘出断面的尺寸往往大于所要求的断面尺寸，这样就会造成掘进时间的延长，以及支护材料的浪费；而当掘进较硬煤壁时，所掘出断面的尺寸往往小于所要求的断面尺寸。

在掘进时如何控制粉尘是非常重要的。截割头外喷雾控制阀位于司机座的右侧,当开始掘进时,应打开此阀,使截割头外喷雾,其外喷雾喷嘴位于截割头后部;打开喷雾泵的控制阀,即可实现截割头的内喷雾。但应注意不能只使用内喷雾,必须内、外喷雾同时使用。

截割头必须在旋转情况下才能向煤(岩)壁钻进,此时周围不得站人。截割头不应带负载启动,当截割头已钻在煤(岩)壁里时不许启动截割电动机,须先退出煤(岩)壁后,再启动截割电动机。截割头在工作时必须开启喷雾降尘冷却系统。机器在前进、后退或转弯时,必须将后支撑收起至极限位置,并抬起铲板,以避免转弯角度过大引起掘进机与转载机发生干涉而损坏转载机油泵电动机。对大块掉落煤岩,需采用适当方法破碎后再行装载;若大块煤岩卡住龙门,则需进行人工破碎,不能用刮板机强拉。液压系统和喷雾降尘冷却系统的压力不准随意调高,若需调整,则需由专职人员进行。油箱的油温若超过 70 ℃,则需停机冷却,待降温后再开机工作。当发现液压系统压力值严重波动、溢流阀经常开启、系统产生噪声和严重发热时,应立即停机检查。当油缸行至终点时,应迅速放开操作手柄,以防因溢流阀长期溢流而导致系统发热。截割部在工作时,若遇闷车现象,则应立即停机,防止电动机长期过载。截割部在维修或不工作时,应使其处于中间降落状态,以保证安全。

遇有下述情况不得开机:巷道断水,喷雾降尘冷却系统不能工作;油箱中油位低于油标指示范围;截齿损坏 5 把以上;截割电动机与减速箱之间、减速箱与工作臂之间等重要连接部位的紧固螺栓松动;电气闭锁和防爆性能遭到破坏;掘进机不得在液压系统管路存在漏油状况时工作,以免造成不良后果。

2.4.3　操作技巧

1)掘进机在掘进截割时,应根据巷道的围岩情况、断面形状大小进行合理作业。超大断面的截割会给支护工作带来困难,并且会降低掘进效率。因此,在实际操作中应根据具体情况,有效地控制截割头的左、右摆动和升、降来完成工作。

2)截割程序选择的一般原则为利于顶板支护和钻进开截,即截割阻力小、掘进效率高、尽量避免大块煤岩,利于装载运输等。这些由司机灵活掌握。

3）横截割头的钻进截割，根据其特点，一般在开槽钻进时，每钻进 0.11 m，向左（右）摆动 0.3 m 的距离，以便截割两截头中间的煤岩，之后再次进刀直至开槽钻进到 0.33 m 或 0.55 m。开槽钻进终止深度视煤岩的坚硬程度来确定。

4）截割头摆动截割时，一般截割程序：对于较均匀的中等硬度煤岩，采取由下向上的分段摆动截割；对于较破碎顶板应采取留板煤或超前支护的方法，再由下向上分段摆动截割；对于煤层节理发达的较软煤壁，则采取下部中心开钻，然后左、右摆动和周边刷帮的截割。无论何种条件都应先将底面清理好再向上截割，否则会使机器履带垫起，从而随着掘进的深入越发出现掘进机不稳定、摇摆的现象。

5）应尽量避免截割头带负荷启动，且不许经常过负荷运转。截割头在最低位置工作时严禁将铲板抬起，以避免截割臂与铲板相撞造成故障。截割头向上截割应注意与前一刀摆动截槽的衔接。在操纵液压手柄时不得用力过猛。此外，当机器需要在截割头近处维修或用截割头托梁器抬起棚梁时，严禁截割头旋转，并关闭喷雾，以免发生人身事故。

2.4.4 保持掘进机油液的清洁

液压系统故障大多是抗磨液压油的污染、变质引起。液压元件制作精度很高，特别是节流孔径一般都很小，对液压油的污染非常敏感，一旦这些污染颗粒进入液压元件，极有可能造成节流孔堵塞或阀芯的卡阻，使液压元件失去作用而出现故障。因此，掘进机液压油的使用及管理必须引起检修人员和操作者的高度重视。

2.4.5 液压系统油液泄漏的控制

液压系统油液泄漏必然增加补充油液的次数，从而使油液污染的可能性增大，为减少由于补充油液而造成的污染，必须严格控制液压系统油液泄漏。液压系统油液泄漏的主要部位及原因和处理方法如下。

1）管路接头油液泄漏大多数发生在集成块、阀底板、管式元件等与管路接头连接部位处。当管路接头采用螺纹连接，且螺纹孔的几何精度和加工尺寸精度不符合要求时，会造成组合垫圈密封不严而导致油液泄漏。此外，螺纹连接时，若螺纹不能完全吻合，则极易发生油液泄漏。以上两种情况可用密封胶或聚四氟乙烯生料带进行填充密封。

2）板式阀接合面间的油液泄漏主要由于密封损坏、安装螺钉松动、紧固力不够、更换阀时结合面有脏物。以上问题需分别进行处理，更换密封、紧固螺栓、清理结合面等。

3）温升发热导致的较严重油液泄漏，可使油液黏度下降或变质，使内泄漏增大；若温度继续增高，则会造成密封材料受热后膨胀增大摩擦力，加快磨损，使轴向转动或滑动部位产生泄漏。温升发热还会使 O 形圈膨胀和变形造成热老化，冷却后不能恢复原状，失去弹性而失效，逐渐产生油液泄漏。针对上述情况，应查明发热原因并彻底根治。

2.4.6　液压元件的更换

更换液压元件时必须注意元件结合面、液压接口、使用工具和操作者双手的清洁，这些部位极易导致污染物进入液压元件。在操作前必须先将更换元件周围清洗、擦拭干净，必要时在更换元件前先将液压元件用清洗剂清洗干净后再进行操作。

2.4.7　油箱注油口、吸油、回油过滤器的清洁

油箱补油时一定要坚持使用注油过滤器，因为桶内的液压油也不能保证十分清洁。正确并坚持使用油箱内的吸油、回油过滤器，并严格按设备要求定期清洗、更换过滤器。

■ 2.5　掘进机常见故障及处理方法

掘进机易损零部件包括冷却器的冷却片、扒爪轴承、压紧花母、副爪压盖，以及各部橡胶密封，如油缸导向套密封、活塞密封、行走电动机安全阀密封、主钻花键轴密封、行走减速器浮动密封等。

掘进机易出现故障部位包括行走减速器、减速器主轴、各部分安全阀、油泵、主钻回转升降油缸。

机械元件常见故障见表 2 - 1。

表 2 - 1 机械元件常见故障

序号	故障	原因	处理方法
1	截割头不转动	超负荷截割	减轻截割负荷
		继电器过热	待继电器温度降低再进行作业
		截割头轴部损坏	检查截割头内部
2	截齿损耗量大	钻入深度过大，截割头移动速度过快	减小钻入深度，降低油缸速度
		超负荷截割	减轻截割负荷
3	刮板链不能动作	油压不够	调整溢流阀
		液压系统故障，油电动机不能动作	检查液压系统
		油泵电动机内部损坏	更换油泵电动机
		运输机超负荷工作	减轻负荷
		链条过松，两链受拉后长短不一而卡死	紧链至适当程度
		从动轮处有岩石或积煤太多	清除异物或反转从动轮
4	履带不能行走或行走不良	油压不够	调整溢流阀
		油泵电动机内部损坏	更换油泵电动机
		履带过紧	调整履带张紧程度
		行走减速机内部损坏	检查行走减速机内部
		履带板内充满煤（沙）土并硬化	清除沙土
5	履带跳链	履带过松	调整履带张紧程度
		张紧油缸损坏	检查张紧油缸内部并更换
6	减速器有异常声响或温升过高	减速器内部损坏	检查减速器内部
		润滑油不够	加注润滑油
7	扒爪转动慢或不转	油压不够	调整溢流阀
		油泵电动机内部损坏	更换油泵电动机
		铲板减速机内部损坏	检查铲板减速机内部

液压元件常见故障见表 2 - 2。

表 2－2　液压元件常见故障

序号	故障	原因	处理方法
1	液压管路接头处漏油	液压管路接头松动	紧固或更换液压管路接头
		O 形圈或组合垫损坏	更换 O 形圈或组合垫
		高压软管损坏	更换高压软管
2	同路油所控制的执行元件均不动作	油泵损坏	检修或更换油泵
		回路溢流阀损坏	检修或更换回路溢流阀
		多路换向阀损坏	检修或更换多路换向阀
3	同路油所控制的执行元件中有一个或几个执行元件不能动作	该片换向阀损坏	检修或更换该片换向阀
		执行元件损坏	检修或更换执行元件
		执行元件所在油路中其他阀损坏	检修或更换阀
4	油压达不到规定压力	油泵损坏	检修或更换油泵
		溢流阀动作不良	检修溢流阀
		分配齿轮箱损坏	检修分配齿轮箱内部
5	油箱内油温过高	液压油量不够	补加液压油
		液压油质不良	换液压油
		溢流阀压力过高	调整溢流阀
		油冷却器冷却水量不足	调整冷却水流量
		油冷却器内部堵塞	清理油冷却器内部
6	油泵吸空或吸油不足	油箱中油位太低	加注油至规定高度（需在油标指示范围内）
		液压油黏度过高	更换推荐用油
		进油管被压扁，阻力过大或漏油	更换进油管
		进油管法兰密封圈损坏	更换法兰密封圈
		进油口滤网堵塞	清洗进油管或滤网
		油泵旋向与电动机不符	使油泵旋向正确
7	油泵产生噪声	液压油量不够	补加液压油
		吸油管吸入空气	避免吸入空气
		液压油黏度过高	使用推荐用油
		吸油过滤器局部堵塞	清洗吸油过滤器使吸油畅通
		油泵内部损坏	检查油泵内部或更换油泵

序号	故障	原因	处理方法
8	换向阀杆不动作	阀杆损伤或嵌入异物	检修阀杆
		连接螺栓过紧	调整连接螺栓紧固程度
		弹簧损坏	更换弹簧
9	油缸不动作	油压不足	调整溢流阀
		换向阀动作不良	检修换向阀
		密封损坏	更换密封
		溢流阀动作不良	检修溢流阀
10	油缸回缩	内部密封损坏	更换内部密封
		平衡阀损坏	更换平衡阀

水路系统常见故障见表2-3。

表2-3　水路系统常见故障

序号	故障	原因	处理方法
1	没有外喷雾或压力低无法形成喷雾	喷嘴堵塞	清理喷嘴
		供水入口过滤器堵塞	清理供水入口过滤器
		供水量不足	调整水量
2	没有内喷雾或压力低无法形成喷雾	喷嘴堵塞	清理喷嘴
		供水入口过滤器堵塞	清理供水入口过滤器
		供水量不足	调整水量

电动机部分常见故障见表2-4。

表2-4　电动机部分常见故障

序号	故障术语	故障部位	故障内容	处理方法
1	油泵电动机过流	油泵电动机定子电枢、电流传感器	1. 电动机超负荷工作或堵转 2. 定子电枢内部短路 3. 电流传感器回路出现问题	1. 调整截割头位置 2. 检查定子电枢冷态及热态电阻 3. 更换电流传感器

续表

序号	故障术语	故障部位	故障内容	处理方法
2	油泵电动机过载	油泵电动机定子电枢、电流传感器	1. 电动机短时超负荷工作 2. 定子电枢内部短路 3. 电流传感器回路出现问题	1. 调整截割头位置 2. 检查定子电枢冷态及热态电阻 3. 更换电流传感器
3	油泵电动机断相	油泵电动机回路、隔离开关触点、控制器进线端子	1. 油泵电动机回路断相 2. 隔离开关断相 3. 控制器进线端子松脱 4. 电流传感器损坏	1. 检查相应断点并作相应处理 2. 更换电流传感器
4	油泵电动机漏电闭锁	油泵接触器以下的线缆、端子、电动机	油泵接触器以下的线缆、端子、电动机漏电	断电后用数字万用表或 500 V 兆欧表进行检查，找到故障点并作相应的处理
5	油泵电动机定子超温	油泵电动机定子电枢	油泵电动机定子电枢温度超过 155 ℃	先检查水路系统，然后检查电动机，找出故障点，并作相应处理
6	截割电动机低速过流	截割电动机低速定子电枢、电流传感器	1. 电动机超负荷工作或堵转 2. 低速定子电枢内部短路 3. 电流传感器回路出现问题	1. 调整截割头位置 2. 检查低速定子电枢冷态及热态电阻 3. 更换电流传感器
7	截割电动机低速过载	截割电动机低速定子电枢、电流传感器	1. 电动机短时超负荷工作 2. 低速定子电枢内部短路 3. 电流传感器回路出现问题	1. 调整截割头位置 2. 检查低速定子电枢冷态及热态电阻 3. 更换电流传感器
8	截割电动机低速断相	截割电动机低速回路、隔离开关触点、控制器进线端子	1. 截割电动机低速回路断相 2. 隔离开关断相 3. 控制器进线端子松脱 4. 电流传感器损坏	1. 检查相应断点并作相应处理 2. 更换电流传感器

序号	故障术语	故障部位	故障内容	处理方法
9	截割电动机低速漏电闭锁	截割电动机低速接触器以下的线缆、端子、电动机	截割电动机低速接触器以下的线缆、端子、电动机漏电	断电后用数字万用表或 500 V 兆欧表进行检查，找到故障点，并作相应处理
10	截割电动机低速超温	截割电动机低速定子电枢	截割电动机低速定子电枢温度超过 155 ℃	先检查水路系统，然后检查电动机，找到故障点，并作相应处理
11	截割电动机高速过流	截割电动机高速定子电枢、电流传感器	1. 电动机超负荷工作或堵转 2. 高速定子电枢内部短路 3. 电流传感器回路出现问题	1. 调整截割头位置 2. 检查高速定子电枢冷态及热态电阻 3. 更换电流传感器
12	截割电动机高速过载	截割电动机高速定子电枢、电流传感器	1. 电动机短时超负荷工作 2. 高速定子电枢内部短路 3. 电流传感器回路出现问题	1. 调整截割头位置 2. 检查高速定子电枢冷态及热态电阻 3. 更换电流传感器
13	截割电动机高速断相	截割电动机高速回路、隔离开关触点、控制器进线端子	1. 截割电动机高速回路断相 2. 隔离开关断相 3. 控制器进线端子松脱 4. 电流传感器损坏	1. 检查相应断点并作相应处理 2. 更换电流传感器
14	截割电动机高速漏电闭锁	截割电动机高速接触器以下的线缆、端子、电动机	截割电动机高速接触器以下的线缆、端子、电动机漏电	断电后用数字万用表或 500 V 兆欧表进行检查，找到故障点
15	截割电动机高速超温	截割电动机高速定子电枢	截割电动机高速定子电枢温度超过 155 ℃	先检查水路系统，然后检查电动机，找到故障点，并作相应处理
16	二运电动机过流	二运电动机定子电枢、电流传感器	1. 电动机超负荷工作或堵转 2. 定子电枢内部短路 3. 电流传感器回路出现问题	1. 检查二运皮带 2. 检查二运电动机定子电枢 3. 更换电流传感器

续表

序号	故障术语	故障部位	故障内容	处理方法
17	二运电动机过载	二运电动机定子电枢、电流传感器	1. 电动机短时超负荷工作 2. 定子电枢内部短路 3. 电流传感器回路出现问题	1. 检查二运皮带 2. 检查二运电动机定子电枢 3. 更换电流传感器
18	二运电动机断相	二运电动机高速回路、隔离开关触点、控制器进线端子	1. 二运电动机高速回路断相 2. 隔离开关断相 3. 控制器进线端子松脱 4. 电流传感器损坏	1. 检查相应断点并作相应处理 2. 更换电流传感器
19	二运电动机漏电闭锁	二运电动机接触器以下的线缆、端子、电动机	二运电动机接触器以下的线缆、端子、电动机漏电	断电后用数字万用表或 500 V 兆欧表进行检查，找到故障点，并作相应处理
20	锚杆电动机过流	锚杆电动机定子电枢、电流传感器	1. 电动机超负荷工作或堵转 2. 定子电枢内部短路 3. 电流传感器回路出现问题	1. 检查锚杆油泵 2. 检查锚杆电动机定子电枢 3. 更换电流传感器
21	锚杆电动机过载	锚杆电动机定子电枢、电流传感器	1. 电动机短时超负荷工作 2. 定子电枢内部短路 3. 电流传感器回路出现问题	1. 检查锚杆油泵 2. 检查锚杆电动机定子电枢 3. 更换电流传感器
22	锚杆电动机断相	锚杆电动机高速回路、隔离开关触点、控制器进线端子	1. 锚杆电动机高速回路断相 2. 隔离开关断相 3. 控制器进线端子松脱 4. 电流传感器损坏	1. 检查相应断点并作相应处理 2. 更换电流传感器
23	锚杆电动机漏电闭锁	锚杆电动机接触器以下的线缆、端子、电动机	锚杆电动机接触器以下的线缆、端子、电动机漏电	断电后用数字万用表或 500 V 兆欧表进行检查，找到故障点，并作相应处理
24	显示屏显示电压过高	进线电压	进线电压高于额定电压，即 $U \geqslant 120\% U_e$ 且持续 10 s 以上	检查进线电压、传感器，找到故障点，并作相应处理

续表

序号	故障术语	故障部位	故障内容	处理方法
25	显示屏显示电压过低	进线电压	进线电压低于额定电压，即 $U < 75\% U_e$ 且持续 10 s 以上	检查进线电压、传感器，找到故障点，并作相应处理

真空接触器部分常见故障见表 2 - 5。

表 2 - 5　真空接触器部分常见故障

序号	故障术语	故障部位	故障内容	处理方法
1	真空接触器真空管损坏	真空接触器真空管	真空接触器真空管漏气，触点烧坏	更换相应规格真空接触器
2	真空接触器线圈损坏	真空接触器线圈	真空接触器线圈短路、断路、整流二极管损坏	更换相应规格真空接触器
3	真空接触器机构损坏	真空接触器机构	运动部位有卡阻；机构间隙发生变化	更换相应规格真空接触器
4	真空接触器烧毁	真空接触器本体	由于真空接触器本体受潮，或由于凝露、煤粉等原因引起爬电、击穿等故障	更换相应规格真空接触器
5	真空接触器触头动作不同步	真空接触器机构	真空接触器机构须进行调校	调校或更换相应规格真空接触器

隔离开关部分常见故障见表 2 - 6。

表 2 - 6　隔离开关部分常见故障

序号	故障术语	故障部位	故障内容	处理方法
1	隔离开关端子故障	隔离开关端子	由于隔离开关端子松动、虚连而引起隔离开关发热或断相	更换隔离开关
2	隔离开关触点故障	隔离开关触点	隔离开关触点烧蚀或接触不良	更换隔离开关
3	隔离开关机构故障	隔离开关机构、手柄	隔离开关机构松脱、卡阻	更换隔离开关

■ 2.6　掘进机液压系统故障的判断方法

掘进机液压系统中故障发生较多的液压元件为液压缸和油泵。

液压系统出现故障，在处理前一定要先分清是某个系统出现故障，还是某个系统分支出现故障。例如，油缸系统出现故障，若各执行油缸动作都不正常，则应判断为油缸系统故障；若只是某个执行油缸动作不正常，而其他执行油缸动作均正常，则应判断为油缸系统分支故障，这样可以缩小故障处理范围。在检查判断掘进机液压系统故障时，一般可采用以下方法。

2.6.1　对换判断法

对换判断液压系统故障，是指利用掘进机其他正常的液压系统或元件，对故障系统或可疑的液压元件进行替代，并找出故障点进行处理。该方法适用于某个液压系统或某个液压元件故障的判断。例如，EBZ150 Ⅱ 型掘进机在使用过程中升降、回转、伸缩等油缸系统速度变慢且无力，第一运输机转速变慢，机器本身压力表已损坏无法测量压力。根据经验怀疑是油泵出现故障，但这两个液压系统是由两台三联泵分别供液，为了证实判断，用对换判断法进行试验，将给油缸供液的 40 型泵与给喷雾泵（EBZ150 Ⅱ 掘进机内喷雾泵未用）供液的 40 型泵输出油管对换试车，油缸液压系统恢复正常，说明给油缸供液的 40 型泵已损坏。再将给行走部供液的 50 型泵与给第一输送机供液的 50 型泵输出油管对换试车，第一运输机转速恢复正常，证实怀疑正确。两台三联泵各有一联损坏。用对换判断法判断故障，尽管受到结构或拆卸不便等因素的限制，但在井下现场采用此法还是较准确的。对换判断法可减少故障误判、缩小故障范围，避免因盲目拆卸而导致液压元件的性能降低，缩短故障处理时间。

2.6.2　原理推理法

工程机械液压系统的基本原理都是利用不同的液压元件按照液压系统回路组合匹配而成，因此，当出现故障现象时，可根据液压系统工作原理，进行分析推理，初步判断出故障的部位和原因，对症下药，予以排除。例如，EBZ150 Ⅱ 型掘进机在空载运行时突然出现油泵响声异常，供行走部、油缸及右星轮的三联泵中的50型、40型泵结合部处突然喷出高压油，三联泵密封损坏。根据液压系统的工作原理分析：油缸系统、右星轮共用一条回油管路；行走部、第一运输机共用一条回油管路。这两个回油管路任何一条出现堵塞都将造成油泵损坏。若右星轮、油缸系统总回油管路堵塞，那么32型泵与40型泵之间密封也应当损坏，但32型泵与40型泵之间密封并未损坏，由此判断右星轮和油缸系统的总回油管路堵塞的可能性不大。若行走部、第一运输机总回油管路堵塞，那么另一台三联泵中的50型泵也会损坏（给第一运输机供液），实际情况为此泵正常，因此，判断此回油管路也没有堵塞。

按以上分析，堵塞应发生在总回油管路以前与有关阀组以后的回油管路。与其有关的控制阀包括控制行走部和控制油缸系统的比例阀、控制右星轮和控制第一运输机的换向阀。因为右星轮和第一运输机的液压系统均设有溢流阀，即使换向阀堵塞，系统可通过溢流阀回油，不会将油泵损坏。控制行走部和油缸系统的比例阀，其回路都是通过各自比例阀连接块中集成的三通流量调节阀进行回油，这两个回路外围均未设置溢流阀或安全阀，若这两套比例阀中有一个三通流量调节阀活塞、主溢流阀卡死或卸荷回路（LS阀）堵塞使三通流量调节阀不能正常工作，都会造成液压系统回油管路堵塞，使油泵供液压力升高，从而导致50型泵和40型泵之间的密封损坏。通过分析，判定故障原因是比例阀堵塞。按照原理分析进行查找，换上三联泵后，分别开启行走部、油缸系统手动换向阀，然后开启油泵（因有液压回路，不会损坏油泵），再分别关闭行走部、油缸系统手动换向阀。当关闭行走部手动换向阀时，油泵出现响声异常，立即停机。证实行走部比例阀故障，将其更换后机器恢复正常。

2.6.3　油缸损坏的判断

油缸损坏，一般是活塞密封损坏导致窜液造成的。轻微窜液的油缸活塞杆动作缓慢无力，严重时活塞杆不动作。在两个油缸同时工作的回路中（如截割头升降、回转油缸，铲板油缸等），为确定是哪个油缸出现故障，可采用单个试验进行判断，掘进机截割头升降、回转及铲板在空载运行时，单个油缸均可使其正常工作。利用此特点，可先使两个油缸中的一个停止工作，然后将其上的平衡阀解下再进行单个试验，若机器恢复正常，则证明停止工作的油缸已窜液损坏。单个油缸窜液故障判断（伸缩油缸）的方法：将油缸前腔或后腔油管拔下，开启油泵，操作控制阀使油缸前伸或后缩，若活塞杆不动，敞口的前腔或后腔有高压油液流出，则证明油缸已窜液。

■ 2.7　智能化掘进工作面掘进设备的使用研究

随着生产智能化水平的不断提高，许多煤矿矿井都在推进智能化掘进工作面建设，掘锚一体机、智能掘进机的使用量正在逐步增加，现总结一些智能化掘进系统及设备的使用经验，便于推广应用。

2.7.1　智能掘进系统及智能掘进设备

快速掘进系统（rapid - excavation system based on the integrated excavator and anchor machine）是指采用掘锚一体机或智能掘进机配套锚杆转载机及转载运输设备，实现煤矿巷道"破、支、装、运"平行作业工序的一种掘进系统。智能化掘进工作面掘进设备（intelligent heading equipment for heading face）包括掘锚一体机和智能掘进机。掘锚一体机（tunnelling and anchor integrated machine）是指通过横向可伸缩截割滚筒，实现巷道全宽断面一次截割，通过纵向或横向截割滚筒与集成滑轨式锚杆钻机组，集截割、装载、运输煤炭及巷道支护等功能于一体的巷道掘进施工设备。智能掘进机（intelligent heading machine）是指具备定位导航、自动截割、视频监控、人员接近防护、网络传输等智能化系统的用于巷道掘进的机械设备。其具有工况显示、故障报警、视距遥控，以及破落、装载、转运等功能。此外，它还具有人工远程控制和智能自动控制两种工作模式。智能运输设备包括用于实现煤巷、半煤岩巷道内锚杆、锚索支护和煤炭破碎转载的锚杆转载机（bolting transloader）；用于在煤矿掘进巷道内，衔接锚杆转载机与胶带机的柔性运输设备——带式转载机（belt transloader）；由迈步支撑架、胶带机机尾及机尾架组成，实现胶带机机尾的快速前移的带式转载机用自移机尾（self - moving drive end unit for belt transloader）。这些智能化设备必须取得矿用产品安全标志。

2.7.2 使用智能化掘进设备时掘进工作面要满足的条件

应综合考虑巷道工程规模、地质条件、水电供应、运输条件、施工工期、工程投资、施工风险等因素。瓦斯矿井的掘进工作面（包括经过预抽等措施治理后的工作面）瓦斯涌出量应小于 3 m^3/min，在掘进工作过程中，工作面风流中瓦斯浓度应小于 1%；最好是缓倾斜煤层（煤层倾角）；煤层底板无遇水膨胀，若煤层底板遇水易膨胀，则应采取必要措施后再进行作业。巷道断面掘进宽度应为 4.0~6.2 m，掘进高度应为 2.8~5.0 m；巷道设计高度应匹配智能化掘进工作面掘进设备的机载临时支护、支撑高度，满足掘进施工要求。巷道支护应采取锚杆支护（锚杆支护指的是以锚杆为主，以网、梁及锚索等为辅的支护形式）；在作业规程中须明确说明巷道施工最大、最小空顶和空帮距离，以及支护设备承担的支护任务；顶锚杆、锚索的间距设计应考虑迈步支撑架前移所需的支撑通道；顶锚杆施工夹角应满足顶锚杆钻架摆动角度。截割煤（岩）单向抗压强度应不大于 60 MPa。

2.7.3 设备选型经验

一般情况下，应根据巷道特征及巷道围岩条件来选择设备。巷道特征包括巷道工程特点、地质条件、施工环境、工程设计及工期等因素，确保选型满足安全、质量、节能、环保及井下运输和安装要求。根据不同巷道围岩条件进行设备选型的方法为中等稳定围岩智能化掘进工作面系统进尺应大于 500 m/月，复杂围岩智能化掘进工作面系统进尺应大于 300 m/月，并且应满足巷道断面、长度、埋深、地质条件适应性等要求。

掘锚一体机选型应具备如下要求：应具备掘进、运输、支护三个基本功能；截割能力和装运能力应与掘进工作面设计生产能力相适应，且可满足煤层厚度、硬度和角度要求，可根据巷道断面确定掘高、掘宽；应配备可伸缩临时支护，实现对顶板的临时支护，最小空顶距一般不大于 500 mm，最大空顶距一般不大于 1 300 mm；应配置设备后退报警和动作声光预警装置；当工作面倾角大于 8°时，应配置可靠的制动和防滑装置；应具备本机和遥控两种操作方式，一般应采用遥控操作方式；铲板宜具有左、右伸缩功能；截割升降及伸缩应设置角度或位移传感器；应配备顶帮锚护钻机；喷雾装置应符合《煤矿安全规程》中的规定。

智能掘进机选型应具备如下要求：应具备智能远程控制功能，具备自主导航、精准定位、坡度追踪、自动截割、智能控制、工况监测、故障诊断、环境监测、危险区域人员识别、一键启停等功能；应具备水流量传感器、油箱油温及液位传感器、电压及电流传感器、电动机温度传感器、电动机漏电传感器、油路压力及甲烷传感器，工况显示及故障报警功能；应具备人工远程控制和智能自动控制两种工作模式；应具备视距遥控功能，遥控距离不小于 30 m；应具备定位导航系统、自动截割系统、视频监控系统及人员接近防护系统；应具备网络传输系统，可在智能掘进机上通过无线 WiFi 模组采集摄像仪数据、设备运行参数数据等，并以无线方式上传至二运尾部的 WiFi 基站，传输距离不低于 50 m，网络延时不超过 300 ms；应具备远程语音通信装置，采用网络语音设备，实现调度室、集控中心与掘进迎头三方语音通信。

支护设备选型应具备如下要求：支护设备钻机数量与巷道支护设计相匹配；当采用锚索支护时，应选用带有自动锚索支护功能的钻机；配置的钻机应具备电液控制功能，当底部锚杆支护受机身高度限制时，应考虑人工支护方式；两种设备钻臂布置及数量应能满足巷道断面、巷道角度、锚杆支护间排距和锚杆尺寸的要求，并与掘进速度相匹配；当顶板煤岩硬度较大时，应选用湿式打眼方式；锚杆转载机可根据不同需要，有 2 个、3 个、4 个、5 个、6 个钻臂的配置可供选择；钻机钻箱应具备正、反转功能；顶帮钻机应配备支撑柱稳固机构；支撑柱顶端应具备夹钎功能；支撑柱应设置接触传感器。

运输设备选型应具备如下要求：应综合考虑围岩状况、巷道长度、巷道坡度、断面大小、运输能力等因素；运输能力应与掘锚一体机、智能掘进机的截割能力和转运能力相匹配；带式转载机用自移机尾长度应满足掘进日进尺要求；运输设备应与前方设备有语音、报警、声光、闭锁等功能；当巷道坡度大于 5°、一部皮带运输距离超过 1 000 m 时，应选用迈步自移机尾（有辅助支撑机构）；当掘进日进尺小于等于 30 m 时，应优选带式转载机；运输能力应能满足连续掘进和最高掘进速度的要求；应采用多机协同控制技术，配备协同控制系统，设备之间自动跟随、智能卸料；应具备智能煤流运转，顺煤流停机、逆煤流启动的功能。

2.7.4　操作经验

应沿煤层顶板进行掘进作业，可自行进刀落煤、装煤，利用锚杆转载机破碎、转载煤体，利用可弯曲胶带配合煤矿用带式转载机运煤，锚杆转载机支护与掘进平行作业。在巷道中心线合适位置设置激光定向仪，测量部门每 100 m 延伸激光线点，在放线时对现场掘进方向校正，在有偏差时及时调整。每班生产工艺为交接班→开工前安全、质量检查→切换至行走模式→截割→铺网→临时支护→切换至锚护模式→永久支护→锚护完成，降临时支护→切换至行走模式→下一个循环。截割工艺为准备→抬起截割滚筒→掏槽→下切→抬起截割滚筒→掏槽→下切→拉底→行走→进入下一个循环。从顶部进刀，进刀深度约为 500 mm，向下截割，进刀宽度为巷道设计宽度。

掘锚一体机操作经验如下。

操作前确认项目：所有液压和电气开关是否处于 OFF 位置；设备连接部位是否紧固；电源电压是否正常；检查所有控制器、急停开关及其他安全装置是否正常；检查各传动箱、油箱油位是否满足要求；检查电缆、管路是否有破损；确保水路正常；确保设备周围无其他人员或设备。

开机操作：前级开关送电，电气控制箱显示窗指示灯亮；依次按下电气控制箱和变频调速装置的"急停闭锁"按键，把隔离开关的手柄置于"合"挡，然后将"急停闭锁"按键拔出；遥控启动油泵。

截割操作：有自动截割和手动截割两种模式，当采用自动截割模式时，可只操纵遥控器上"自动截割启/停"按键即可；当采用手动截割模式时，在遥控器上按顺序依次按下"截割臂升""装载""截割"按键，然后按下"掏槽前进"按键进行掏槽，当切入煤体深度为 500 mm 时，按下"截割臂降"按键开始下切，然后重复"截割臂升""掏槽前进""截割臂降"三个动作，再次切入煤体，下切至底板后，按下"掏槽后退"按键进行拉底。

机锚护操作：切换"行走/锚护"模式至"锚护"模式；操作临时支护，将临时支护接顶；操作稳定靴，将稳定靴伸出并撑地；操作锚杆机进行锚护作业。

停机操作：停止截割、装运电动机，将掘锚一体机推至支护完好无淋水区域；将铲板、后稳定靴降至底板；将截割滚筒降至底板；运输机尾摆回零度，运输机降至最低位置；钻箱退回，侧帮钻机旋转油缸旋转至竖直位置；将临时支护收起；停止泵站电动机；依次操作变频调速装置和电气控制箱的手柄，并将其置于"分"挡。

智能掘进机操作经验如下。

操作前确认项目：在远程操控前，必须对掘进迎头的顶板、瓦斯、粉尘、物料设备等情况进行检查确认；在远程操控期间，司机要注意力集中，注意每个环节的监测画面，当有人员进入危险区域内时必须立即停机；在启动电动机前，应鸣响警铃，确认周围情况安全后再开车；当需要打开控制箱或上盖时，必须先停电，并把煤尘打扫干净后，才可拧开紧固螺栓，打开前门或上盖；必须定期检查各导线的连接部位是否有松动，若有松动，则会导致异常发热现象；检修时不得随意更改与本机有关的任何元器件的型号、规格、参数；只能与规定的关联设备连接，与其他设备连接时必须经防爆检验；关注遥控器电池电量，当电量不足时，遥控器会发出报警，此时应更换电池，保证遥控器正常工作，并在升井时对电池进行充电。

开机操作：在油泵启动时，按下"信号"按键，电铃得电，发出开机信号，在打信号后的 5～10 s 后，按下"油泵启动"按键，油泵电动机运行，此时液晶显示屏显示油泵电动机的电流，同时开始计时；在油泵电动机启动后，启动二运电动机，在二运电动机启动后才可以启动一运电动机，最后启动装载机；机身装有选择开关，当选择开关置于"本地"挡时可进行操作箱和视距遥控操作，当选择开关置于"远程"挡时可进行集控平台操作，当选择开关置于"井上"挡时可进行地面操作。

截割操作：油泵电动机与截割电动机设有电气连锁，即油泵电动机没有启动，截割电动机也不能启动；当油泵电动机启动后，按下"信号"按键，电铃报警，提示要启动截割电动机，在报警后的 5～18 s 按下"截割启动"按键，若"高低速选择"开关置于"低速"挡，截割电动机低速运转；若"高低速选择"开关置于"高速"挡，则截割电动机先低速运行 5 s，然后自动切换至高速运行（在试运转时应注意截割电动机的旋转方向，如反转，则要重新接线，要特别注意高、低速转向必须一致）；此时液晶显示屏显示截割电动机的电流、温度，同时开始计时；在手动模式下，按自动截割操作启动，截割头在设定轮廓内进行移动，截割工艺过程为先自下而上进行截割，截割到顶部后回到起始点向下截割，在完成下部的截割操作后，截割头回到起始点。

停机操作：按下"油泵停止"按键，在油泵电动机停止运行后按下"截割停止"按键，截割电动机停止运行。按下"紧急停止"按键，停车闭锁，所有运行的电动机全部停止；远程操控完毕后，必须有专人对智能掘进机进行断电；远程操控完毕关机后，操作者离开司机室时，必须按压操作箱"急停"按键（自锁），将电源开关置于"停止"挡；WiFi 基站在停机作业时，要立即关闭电源开关，防止由于碰撞引起误操作而造成事故。

锚杆转载机操作经验如下。

操作前确认项目：确认所有液压和电气开关处于 OFF 位置；确认设备连接部位是否紧固；确认电源电压是否正常；检查所有控制器、急停开关及其他安全装置是否正常；检查各传动箱、油箱油位是否满足要求；检查电缆、管路是否有破损；确保水路正常；确保设备周围无其他人员或设备。

锚护操作：将平台先导控制的手动换向阀切换到"锚钻"挡；将急停阀手柄拔出，将旋转调速阀手动调至 0 挡或调小；调整钻架角度及位置等，然后手动进给操作使钻杆头部对准钻孔位置；手动操作使支撑柱接触到巷道顶帮，启动自动旋转；启动自动进给，同时调节调速阀挡位；开始锚护作业。

停机操作：停止运输、破碎电动机；钻箱退回，钻架进给油缸收回，侧帮钻机旋转油缸旋转至竖直位置；将钻机滑架、支护平台收回；将锚杆转载机退至支护完好无淋水区域；将受料部降至底板；停止泵站电动机；操作电气控制箱的手柄，并置于"分"挡；切断前级开关电源。

运输设备操作经验如下。

操作前确认项目：设备连接部位是否紧固；检查电气控制箱的断路器操作手柄是否处于"分"挡；检查各液压操作手柄和电气开关是否处于 0 挡；检查管路、缆线是否破损，油位是否正常。

开机操作：前级开关送电后，操作电气控制箱的手柄，置于"合"挡；启动泵站电动机；启动电动滚筒；根据需要，启动带式转载机自移机尾。

胶带转载机启停操作：按下"皮带启""皮带停"按键实现胶带的启动和停止。

自移动力站行走启停操作：利用控制手柄驱动自移动力站前进、后退。

带式转载机利用自移机尾工作循环操作：各设备具有联动功能，在联动功能下，操作推移油缸，机尾向前移动，同时自移动力站自动向后拉动煤矿用带式转载机。

迈步移架工作循环操作：支撑架举升油缸伸出底座接地，直至前、后支撑架抬起，同时刚性架举升油缸伸出，直至刚性架抬起→立柱升起撑顶→推移油缸伸出，刚性架前移→支撑架举升油缸收缩，底座抬起，同时刚性架举升油缸收缩，滑轨收起→支架立柱收缩，支架离顶→推移油缸收缩，底座前移。6 个步骤完成一个迈步移架工作循环。

停机操作：关掉所有正常运行的电气设备；操作电气控制箱的手柄，置于"分"挡；切断前级开关电源。

2.7.5 检修与维护经验

检修工艺流程：交接班→开工前安全检查→检修前准备→设备正常检修→自移机尾前移→延伸胶带→其他作业。

检修与维护有关要求：在井下检修时，应在安全区域内作业，并制订安全措施；在检修或更换部件之前，应切断电源；螺栓的预紧力应定期检查，保证螺栓符合使用要求；液压油、齿轮油和润滑脂应定期更换，以保证系统的正常运行；履带板、履带销和运输机的刮板链、刮板销张紧和磨损情况应定期检查，并及时调整和更换；接线腔进线电缆及各主回路电缆主芯线的接地层应处理干净，线头无毛刺；机体上的浮煤、杂物应定期清理。应定期检测灭火器；在更换电动机时，应检查接线顺序；在液压油缸支撑的部件下方检修时，应采取特殊支护等安全措施；应定期检查电缆、油管有无机械性损伤，对于易发生磨损和砸、碰的部位，应采取保护措施。

■ 2.8 掘进机修理工艺

2.8.1 修理掘进机的修理单位应具备的条件

（1）修理掘进机截割头

修理单位具备设计并制作适应不同地质煤层采煤机滚筒的能力。拥有齐全的安全生产标准化证书。

修理单位具有雄厚的技术力量，单位技术人员由从事煤炭行业及采煤机滚筒研究制作几十年的技术专家组成，且具备新滚筒的设计能力。

修理单位具备以下先进加工设备。

1）具有 500 吨压力的超大型压力机，配备压制碟形端盘、螺旋叶片专用胎具，压制直径 3 000 mm、钢板厚度 90 mm 及以下各种型号滚筒的端盘、叶片，保证碟形端盘形状尺寸及螺旋叶片的平滑连接；

2）具备先进的焊接平台，精确定位齿座设计角度，齿座定位角极限偏差不超 ±1.5°，保证滚筒设计的截割效果；

3）具有先进的数控等离子火焰切割机，使各种型号钢板下料形状规则、尺寸准确误差不大于 1mm、外观平滑，保证滚筒制作技术与质量要求；

4）具备机械手焊接设备，确保各处焊缝焊接强度大于端盘、叶片等钢板本体强度，（Q345 钢板抗拉强度 470 ~ 630 MPa）确保滚筒端盘、齿座、叶片、法兰等焊接牢固，不开裂。

（2）修理掘进机结构件

掘进机伸缩部故障表现包括轴承位损坏、大/小筒损坏、铜套尺寸磨损超标、大小密封盖磨损、外筒炸裂等。掘进机小筒轴承位损坏导致尺寸超差，需对筒内的两个轴承位进行镗铣加工。两个轴承位的间距为 350 mm，必须保证两者的同轴度、垂直度和倾斜度，加工精度达到 IT4 级，所需加工设备性能最低同上述数显镗床。对大、小筒外圆磨损处进行加工，加工后大、小筒外径的圆度和圆柱度需达到 IT5 级精度。大筒的最大回转直径为 1 200 mm，因此，需要回转直径为 1 400 mm 且可达到加工精度要求的设备进行加工。

掘进机的主机架、铲板和回转台的故障表现为对接面变形、铰接孔变形导致尺寸超差，修理后需进行机加工。对接面加工直线度、平面度、平行度、垂直度、倾斜度都要达到 IT5 级精度；各个铰接孔的圆度、圆柱度、同轴度、对称度都要达到 IT4 级精度。工件在平台上找平、找正后，一次性对全部 360° 范围的各个加工部位进行加工。为保证上述精度要求，所需加工设备性能最低同上述数显镗床。

2.8.2　设备检修交接

1）设备进厂交接时，应先清点外部附件数量和与设备有关的零部件，再进行检修前的验收交接，参加交接人员必须签字。

2）班组根据下达的检修任务，将设备在厂房外进行外部清理煤尘、除锈、放油等操作。

3）将外部附件存放到检修地点，按类分别码放整齐。

4）制订外部附件的材料购置、领用计划。

2.8.3　拆卸要求

1）根据检修的掘进机准备合适的拆卸工具，包括紫铜棒、扳手、锤头、绳头、钎子等；准备好所需的材料，包括砂纸、棉纱、清洗剂、油石、塑料薄膜、油盘等。

2）根据装配图，按照从外到里的顺序将零部件拆卸下来归类存放，并在打开盖、决定检修方法前，测定有关零部件的性能，做好原始备忘记录。

3）对于相似或不容易记住安装顺序的零部件，在拆卸前应做好标记。

4）对于配合较紧密的零部件，严禁硬性拆卸，防止损坏；对于需加温拆卸的零部件必须加温拆卸。对于通过正常方法无法拆卸，如轴承过热与轴承室粘连等情况，需破坏性拆卸的零部件，必须经技术人员审核后方可进行。

5）对于需敲打的零部件，要先垫上橡胶木板垫，再用紫铜棒进行敲打，防止零部件变形、损坏。

2.8.4　零部件清洗

1）根据不同的零部件，选择合适的清洗剂。

2）用木片等较软物将零部件表面的油污等除掉，对于黏胶密封处要用泡沫海绵等物清洗。

3）将零部件放入清洗剂中，用棉纱或布进行擦洗，直到零部件表面擦洗干净。所有液压元件的擦洗严禁使用棉纱，一律使用海绵。

4）把清洗干净的零部件放在地托架上，用布擦干，按类码放好，严禁碰撞，并用薄膜盖好。

2.8.5 零部件检查

1）根据零件图及检验标准，依次测量零件的大小尺寸、表面粗糙度及形位公差，并做好备忘记录。

2）把检查合格的零部件，按类存放整齐；液压系统中的关键部位，如泵和电动机，必须全部拆下做容积效率试验，若容积效率低于90％，则全部更换。

3）根据实际情况，对检查出严重损坏的部件进行更换，并确定初步更换的零部件数量。

2.8.6 零部件修复

1）对于承载小、不需热处理及非关键部件、零件、铸件、铆焊件，允许用补焊修复。

2）对于磨损较轻的轴孔等应采用刷镀和喷镀进行修复。

3）修复后的零部件，应根据图纸重新加工，所有尺寸和技术要求都必须符合设备说明书中的图纸要求。

（1）机壳的修复

1）机壳不得有裂纹或变形，允许焊补修复，铸铁机壳只能在非主要受力的部位进行焊补修复，并应采取防止变形、消除内应力的措施。

2）盖板不得有裂纹或变形，结合面应平整严密，平面度不得超过 0.3 mm。

3）减速器壳直接对口面的不平度不大于 0.05 mm，接触面上的划痕长度不大于接触宽度的 2/3，深度不得超过 0.3～0.5 mm。

4）减速器不直接对口的平面，不平度不大于 0.15 mm，接触面可涂密封胶。

5）镗孔无机械损伤，椭圆度、圆锥度不大于原配合公差的 1/2。

（2）截割头的检修

首先检查截割头齿座磨损情况，若齿座磨损严重应进行更换。螺旋线处不得有裂纹，齿座焊接必须保证焊接强度，焊接抗切力要符合设备说明书要求，截割头与伸缩连接处的定位销孔，其圆柱度不得大于 0.8 mm，内、外喷雾装置齐全，水路畅通，无漏水现象。

（3）油缸的修复

1）要检修缸体的密封情况，确保其密封性能（密封性能应经过质量验收）各部分密封件应有详细记录。

2）各油缸表面不得有损伤，若有轻微损伤、则必须请质量检修人员鉴定后，才能继续使用。

2.8.7　装配要求

1）准备合适的装配工具，装配地点必须清洁、无杂物。在装配前应把装配工具擦洗干净。

2）根据设备装配图，将所需零部件、材料全部准备齐全。

3）将所有零部件擦洗干净，并再次作详细检查以防漏检。

4）根据设备装配图，按照从里到外的顺序（原则上装、拆的顺序相反）将零部件依次装好，在装配时应注意拆卸时所做的标记，并涂少量防锈油。

5）在装配时严禁硬打硬碰，轴承等应采用专用工具，需加温装配的零部件必须加温。

6）在装配轴承时，应放入占轴承空间 65% 的润滑脂。

7）更换所有橡胶密封垫。

8）在装配时，应调好间隙，符合装配要求。键销等小件不能漏掉，配齐螺栓弹垫，垫好 O 形圈并紧固。

9）在装配时，应用压铅丝的方法测量各级齿轮的啮合间隙，并将各齿轮啮合间隙做备忘记录，啮合间隙必须符合设备说明书要求，否则必须加以调整。

10）所有更换的新零部件要记录清楚，更换新件时必须将新件与旧件的关键尺寸、关键技术指标作比较，若发现异常，则必须及时向有关人员反映，在问题未处理前不准继续装配。严禁凭经验判断新、旧件是否能互换使用。

11）在合盖前，一定要认真检查各零部件是否齐全，有无漏放杂物、工具等情况。

2.8.8　零部件试运转

1）将装配好的零部件进行一次全面检查。

2）所有需要加油的部位加注规定牌号的润滑油，并填写注油记录，注油量严格按照设备说明书规定。

3）对机器进行空载运转 1 h，正、反转各 30 min。

4）对机器加载运转 1 h，正、反转各 30 min。

5）对更换的新齿轮应先进行 2 h 的啮合试运转，正、反转各 1 h。

2.8.9　整机试运转

1）把零部件装配成整机，并做全面检查。

2）所有非工作人员离开现场，准备对整机进行试运转。

3）空载试运转 6 h，每隔 30 min，记录一次温度，并测定截割部下降距离。

4）记录整机试运转各项性能参数，并保存至设备流程控制档案。

5）整机试验应注意以下几点。

①各部位注油量应达到规定位置，所有连接件必须紧固。

②各结合面不得有漏水、漏油现象。

③各传动零部件不得有振动、颤动，异常噪声和温升。

④各操作手把都必须灵活、可靠。

⑤截割头升降，行走部行走，必须均匀平稳。

⑥截割头从最高位置降到最低位置时间应小于 2 min，从最低位置升到最高位置时间应小于 2.5 min。

⑦将牵引速度从零位升至最大，然后再返回零位，反复试验 30 min，牵引速度应符合设备说明书要求。

⑧截割头调至最高位置，用铲板油缸、后支撑油缸将机身支起，正向牵引运转 1 h；截割头调至最低位置，反向牵引运转 1 h。

⑨调整系统试验，截割头停在近水平位置，持续 16 h 后，下降量不得大于 2.5 mm。

若出现不符合要求的情况，则必须停机处理，待处理后再进行试运转。

6）在整机及零部件试运转时，应有生产单位、单位质量监督员、车间技术员、包保责任人等人员参加，共同监督验收并签字。发现问题及时处理，杜绝不合格设备出厂。

3.1 液压支架结构及重点部件性能分析

在煤炭生产综采工作面设备中，液压支架占据着核心位置，一方面液压支架要保障对工作面的有效支护，另一方面液压支架要作为推进动力，保障工作面的采煤作业推进效率。

3.1.1 液压支架的分类

工作面液压支架（见图 3 - 1）是平衡工作面顶板压力的一种结构件，按液压支架与顶板相互关系，液压支架可分为支撑式液压支架、掩护式液压支架和支撑掩护式液压支架三种类型。

图 3 - 1 液压支架

（1）支撑式液压支架

支撑式液压支架以支撑为主，没有掩护梁，立柱的支撑力通过顶梁对顶板发挥作用。根据结构形式，支撑式液压支架可分为节式和垛式两种。

节式液压支架是由框架组成的组合式支架。每个框架为一梁两柱。为保持稳定性和迈步前移，每组的框架数为 2～4 个，最常见的是由 2 个框架组成的两框节式液压支架，如图 3 – 2（a）所示。

垛式液压支架的立柱一般都垂直支撑于顶梁与底座之间，顶梁为整体顶梁。顶梁、立柱和底座形成木垛状。垛式液压支架一般为四柱式，个别有五柱或六柱式，如图 3 – 2（b）、图 3 – 2（c）所示。

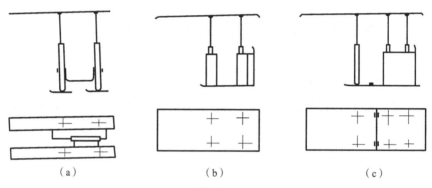

图 3 – 2　支撑式液压支架分类

（a）两框节式液压支架；（b）四柱垛式液压支架；（c）六柱垛式液压支架

（2）掩护式液压支架

掩护式液压支架有掩护梁，其根据立柱支撑位置的不同可以分为两种：一种是单排立柱支撑在顶梁上，称为支顶梁掩护式液压支架；另一种是单排立柱支撑在掩护梁上，称为支掩护梁掩护式液压支架。

支掩护梁掩护式液压支架的单排立柱支撑在掩护梁上，掩护梁上端与顶梁铰接，如图 3 – 3 所示。目前，支掩护梁掩护式液压支架一般都采用四连杆机构。

支顶梁掩护式液压支架的单排立柱支撑在顶梁上，顶梁后端与掩护梁铰接，采用四连杆机构。

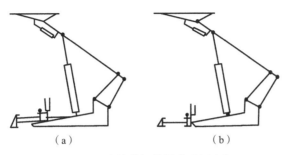

图 3 - 3 支掩护梁掩护式液压支架

（a）插腿式；（b）非插腿式

为使支架保持平衡，在顶梁与掩护梁之间设有平衡千斤顶，如图 3 - 4（a）所示。平衡千斤顶也可以设置在掩护梁与底座之间，称为调节千斤顶，如图 3 - 4（b）所示。

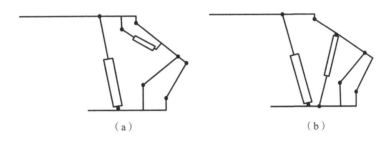

图 3 - 4 支顶梁掩护式液压支架

（a）设有平衡千斤顶；（b）设有调节千斤顶

（3）支撑掩护式液压支架

支撑掩护式支架有掩护梁，前、后两排立柱。根据支撑力分布的要求，可以将两排立柱都支撑在顶梁上，称为支顶梁支撑掩护式液压支架；也可以将前排立柱支撑在顶梁上，后排立柱支撑在掩护梁上，称为支顶梁支掩护梁支撑掩护式液压支架。

支顶梁支撑掩护式支架的 4 根立柱都支撑在顶梁上，顶梁后端与掩护梁铰接，采用四连杆机构，如图 3 - 5（a）所示。支顶梁支掩护梁支撑掩护式液压支架前排立柱支撑在顶梁上，后排立柱支撑在掩护梁上，顶梁后端与掩护梁铰接，采用四连杆机构，如图 3 - 5（b）所示。

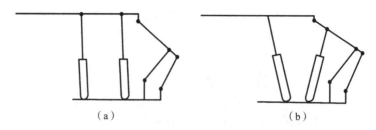

图 3 - 5 支撑掩护式液压支架

（a）支顶梁支撑掩护式液压支架；（b）支顶梁支掩护梁支撑掩护式液压支架

3.1.2 液压支架的型号及配套设备

（1）液压支架型号说明

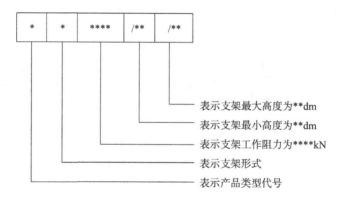

例如：ZY6400/14/32 型掩护式液压支架，其结构如图 3 - 6 所示，型号说明如下。

产品类型代号：Z——液压支架；

支架形式：Y——掩护式；

支架工作阻力为 6 400 kN；

支架最小高度为 14 dm；

支架最大高度为 32 dm。

（2）液压支架的适用条件及配套设备

液压支架必须适用于综采工作面的需求，主要包括采高范围、顶板压力、工作面倾角等参数。要求液压支架必须适应性强、可靠性高、结构紧凑、支护能力强、移架速度快。

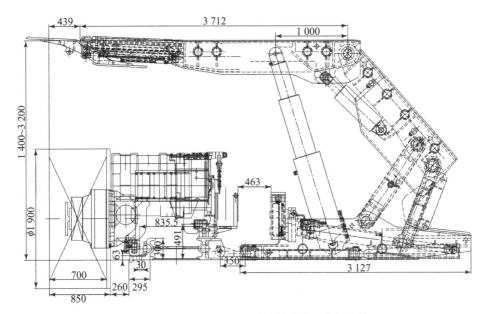

图 3 - 6　ZY6400/14/32 型掩护式液压支架结构

例如，ZY6400/14/32 型掩护式液压支架，适用于单一煤层综采工作面；工作面采高范围为 1.6～3.0 m；作用于每架支架上的顶板压力不能超过 6 400 kN；煤层倾角不大于 15°。

液压支架配套设备主要包括采煤机、工作面刮板运输机、转载机等。

例如，ZY6400/14/32 型掩护式液压支架，其配套设备具体型号如下。

工作面刮板运输机的型号为 SGZ764/630；采煤机的型号为 MG300/730 - WD；转载机型号为 SZZ730/200（250）。

3.1.3　液压支架的结构组成

液压支架主要由金属结构件、液压元件两大部分组成。

金属结构件包括顶梁、掩护梁、前/后连杆、底座、推移杆、伸缩梁、托板、护帮板、侧护板等。

液压元件主要包括立柱、各种千斤顶、液压控制元件（主控阀、单向阀、安全阀等）、液压辅助元件（胶管、弯头、三通等）及喷雾降尘装置等。

下面以 ZY6400/14/32 型掩护式液压支架为例作介绍。

（1）伸缩护帮机构

伸缩护帮机构（见图 3 – 7）包括护帮板、伸缩梁、托板等部件。伸缩梁主要提供临时支护顶板功能，在采煤机通过后可允许先不移架，将伸缩梁伸出起到临时支护新暴露顶板的作用，也可以在移架后维护破碎顶板。此外，当顶板发生冒落或梁端距变大时，可伸出伸缩梁作为临时支护。护帮板可通过及时支护来防止片帮现象。在采煤作业中，当可能产生片帮时，可操作护帮千斤顶，使护帮板下部贴紧煤壁，防止片帮煤岩砸伤人员和设备。在采煤机到来之前一定要收回伸缩护帮机构，使采煤机顺利通过，并防止滚筒与顶梁发生干涉。

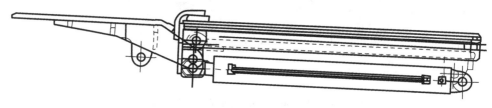

图 3 – 7　伸缩护帮机构

ZY6400/14/32 型掩护式液压支架伸缩梁为内伸缩式，通过伸缩千斤顶实现伸缩梁的伸出和收回。

（2）顶梁

顶梁（见图 3 – 8）直接与顶板接触，直接支撑顶板，是液压支架的主要承载部件之一，其主要作用包括承接顶板岩石及煤体的载荷；反复支撑顶煤，可对比较坚硬的顶煤起到破碎作用；为回采工作面提供足够的安全空间。

顶梁的结构形式一般分为整体式和分体式（即顶梁加前梁）。ZY6400/14/32 型掩护式液压支架的顶梁为整体式。钢板拼焊箱形变断面结构。四条主筋构成了整个顶梁的主体，可提供足够穿行空间。顶梁单侧上平面低一个板厚，用于安装活动侧护板。控制顶梁活动侧护板的千斤顶和弹簧套筒，均设在顶梁体内，并在顶梁上留有足够的安装空间。

（3）掩护梁

掩护梁（见图 3 – 9）上部与顶梁铰接，下部与前、后连杆相连，经前、后连杆与底座连为一个整体，是液压支架的主要连接和掩护部件，其主要作用包括承受顶板给予的水平分力和侧向力，增加液压支架的抗扭性能；掩护梁与前、后

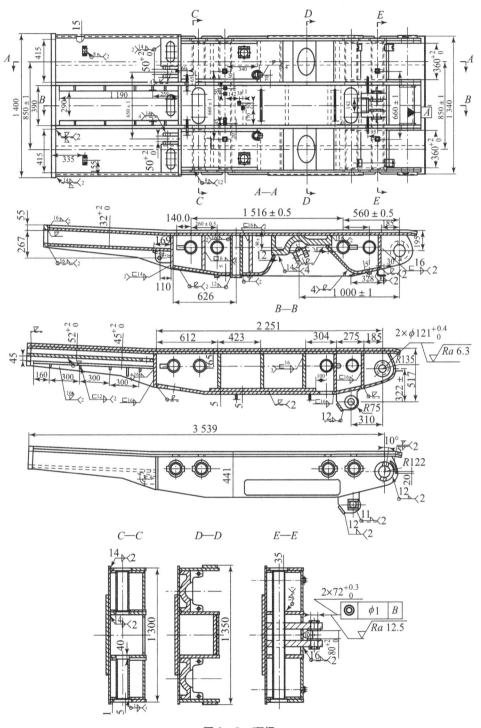

图 3 - 8 顶梁

连杆及底座形成四连杆机构，保证梁端距的稳定；阻挡后部顶煤及矸石前窜，维护工作空间。此外，由于掩护梁承受的弯矩和扭矩较大，所处工作状况恶劣，因此，掩护梁必须具有足够的强度和刚度。

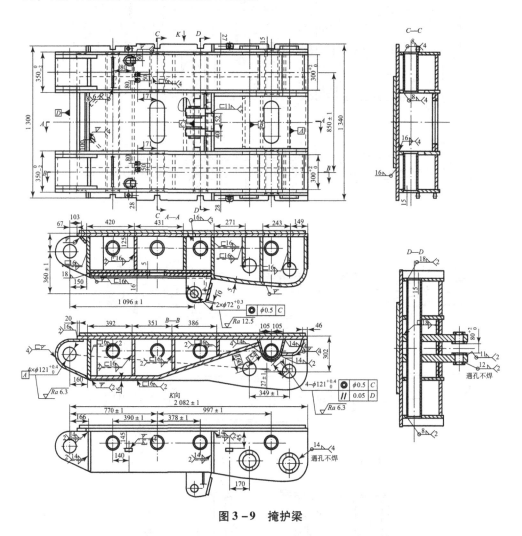

图 3 - 9　掩护梁

ZY6400/14/32 型掩护式液压支架的掩护梁为整体式钢板拼焊箱形变断面结构。为保证掩护梁有足够的强度，在它与顶梁、前/后连杆连接部位，以及相应的危险断面和危险焊缝处都焊有加强板。

（4）底座

底座（见图 3 - 10）是将顶板压力传递到底板和稳定液压支架的部件，除了满足一定的刚度和强度外，还要求可以适应底板起伏不平的状况，且对底板的接触比压要小。其主要作用如下。

1）为立柱、液压控制装置、推移装置及其他辅助装置创造安装空间。

2）为工作人员创造良好的工作环境。

3）具有一定的排矸挡矸作用。

4）保证液压支架的稳定性。

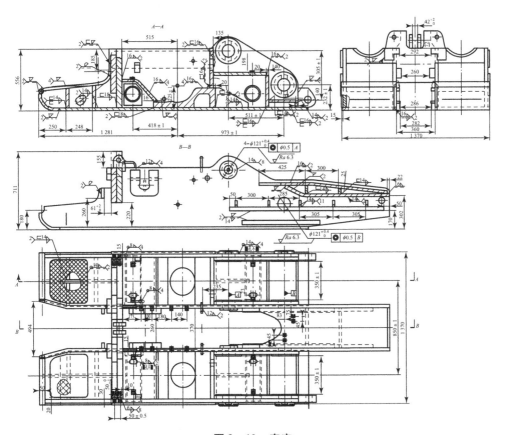

图 3-10　底座

底座的结构形式可分为整体式和分体式。分体式底座由左、右两部分组成，排矸性能好，对底板起伏不平的适应性强；整体底座是用钢板焊接成的钢板拼焊箱形变断面结构，整体性强、稳定性好、强度高、不易变形，且与底板接触面积大，比压小，但底座中部排矸性能较差。

图 3 – 10 所示为 ZY6400/14/32 型掩护式液压支架底座为刚性分体式底座，四条主筋构成左、右两个立柱安装空间，中间通过前端立过桥、后部箱形结构把左、右两部分连为一体，具有很高的强度和刚度。

（5）前、后连杆

前、后连杆（见图 3 – 11、图 3 – 12）上下分别与掩护梁及底座铰接，共同形成四连杆机构，其主要作用如下。

1）使液压支架在调高范围内，顶梁前端与煤壁的距离（梁端距）变化尽可能小，更好地支护顶板。

2）承受顶板的水平分力和侧向力，使立柱不承受侧向力。

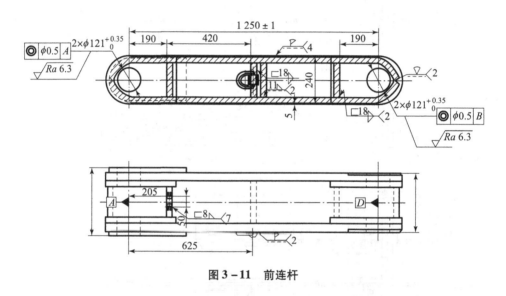

图 3 – 11　前连杆

前、后连杆的结构形式可分为整体式和分体式。

ZY6400/14/32 型掩护式液压支架前连杆为分体式双连杆；后连杆为整体式双连杆，结构均为钢板焊接的钢板拼焊箱形变断面结构，这种结构不但有很强的抗拉、抗压性能，而且有一定的抗扭能力。

（6）推移机构

液压支架的推移机构包括推移杆（见图 3 – 13）、连接头、推移千斤顶和销轴等，主要作用是推移运输机和拉架。

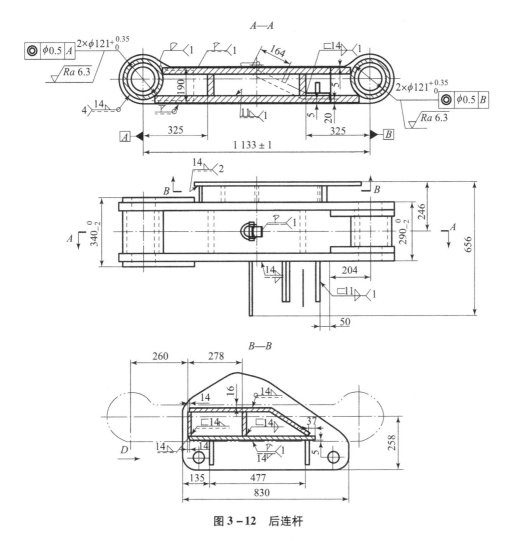

图 3-12　后连杆

图 3-13　推移杆

推移杆的一端通过连接头与运输机相连，另一端通过千斤顶与底座相连，推移杆除承受推拉力外，还承受侧向力，在底座下滑时有一定的防滑作用。

ZY6400/14/32 型掩护式液压支架采用长推杆结构，推移千斤顶倒装；推移杆采用钢板拼焊箱形变断面结构，强度高。

3.1.4 液压支架的立柱及千斤顶

（1）立柱

立柱（见图 3–14）用于连接顶梁和底座，承受顶板的载荷，是液压支架的主要承载部件之一，要求立柱有足够的强度、工作可靠、使用寿命长。

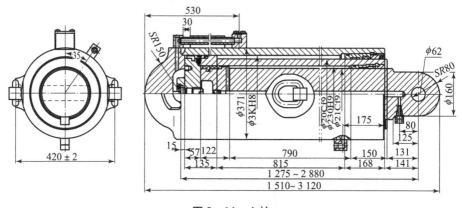

图 3–14 立柱

立柱有两种结构形式，即双伸缩式和单伸缩式。双伸缩立柱调高范围大，使用方便，但其结构复杂、加工精度高、成本高、可靠性较差；单伸缩立柱成本低、可靠性高，但调高范围小。单伸缩机械加长段的立柱能起到双伸缩立柱的作用，不仅具有较大的调高范围，而且具有成本低、可靠性高等优点，但在使用时不如双伸缩立柱方便。

ZY6400/14/32 型掩护式液压支架立柱为双伸缩立柱，由缸体、活柱、导向套及各种密封件组成。

立柱初撑力是指立柱缸体在泵站压力下的支撑能力。初撑力的大小直接影响液压支架的支护性能，合理地选择立柱的初撑力，可以减缓顶板的下沉，有利于顶板的管理。

ZY6400/14/32 型掩护式液压支架的立柱缸直径为 320 mm，初撑力为 5 065 kN（立柱截面压强 = 31.5 MPa）

立柱的工作阻力，是指在外载荷作用下，立柱缸体下腔压力增加，当压力超过控制立柱的安全阀所调定的压力时，安全阀泄液，立柱开始卸载，此时立柱所承受的压力即为工作阻力。

ZY6400/14/32 型掩护式液压支架立柱的工作阻力为 3 200 kN。

（2）千斤顶

1）推移千斤顶（见图 3 - 15）。位于底座中间的推移千斤顶，其作用是推移运输机和拉移液压支架。推移千斤顶由缸体、活塞、活塞杆、导向套、密封件等组成。

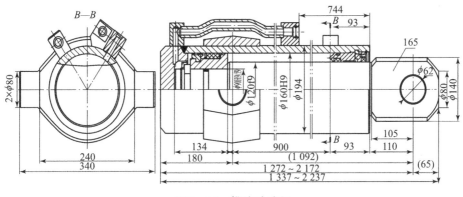

图 3 - 15　推移千斤顶

根据所需要的拉架力应大于推溜力的特点，ZY6400/14/32 型掩护式液压支架的推移千斤顶倒装，推移千斤顶缸内径为 160 mm，活塞杆直径为 120 mm，推溜力为 277 kN，拉架力为 633 kN，行程为 900 mm。

2）平衡千斤顶（见图 3 - 16）。平衡千斤顶位于顶梁与掩护梁之间，对于两柱掩护式液压支架来说，平衡千斤顶十分重要，其作用是保持顶梁处于水平状态，另外还可调节顶梁合力作用点的位置。平衡千斤顶主要由缸体、活塞、活塞杆、导向套及各种密封件组成。

ZY6400/14/32 型掩护式液压支架采用一个缸内径为 200 mm、活塞杆直径为 120 mm 的平衡千斤顶，其初撑力（推力/拉力）为 989 kN/633 kN，工作阻力（推力/拉力）为 1 250 kN/800 kN，行程为 395 mm。

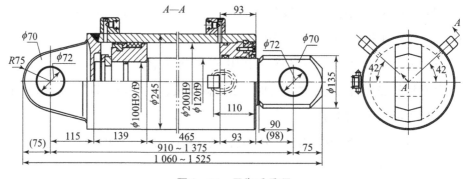

图 3 – 16 平衡千斤顶

3）侧推千斤顶（见图 3 – 17）。侧推千斤顶位于顶梁及掩护梁的内部，通过导向杆与侧护板相连。其主要作用是控制侧护板的伸出与收回。侧推千斤顶主要由缸体、活塞、活塞杆、导向套及各种密封件组成。

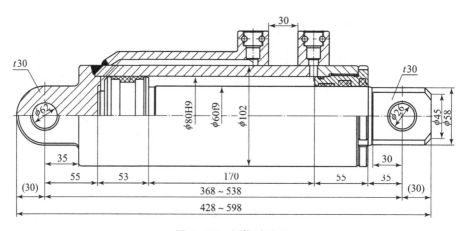

图 3 – 17 侧推千斤顶

ZY6400/14/32 型掩护式液压支架共有 3 个缸内径为 80 mm 的侧推千斤顶，两个顶梁，一个掩护梁，其推力为 158 kN，拉力为 69 kN，行程为 170 mm。

4）伸缩千斤顶（见图 3 – 18）。伸缩千斤顶位于前梁和伸缩梁之间，操纵其推、拉可使伸缩梁伸出或收回。其主要作用是作为割煤后、拉架前的临时支护。伸缩千斤顶主要由缸体、活塞、活塞杆、导向套及各种密封件组成。

ZY6400/14/32 型掩护式液压支架采用的伸缩千斤顶的缸内径为 100 mm，行程为 800 mm，推力为 247 kN，拉力为 126 kN。

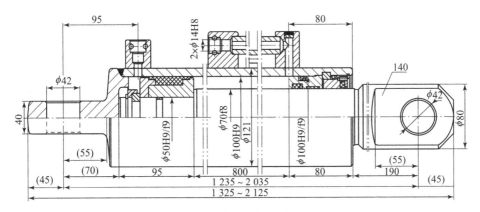

图 3-18　伸缩千斤顶

5）护帮千斤顶（见图 3-19）。护帮千斤顶位于伸缩梁和护帮板之间，操纵其推、拉可使护帮板打出或收回。其主要作用是防护煤壁防止片帮。护帮千斤顶主要由缸体、活塞、活塞杆、导向套及各种密封件组成。

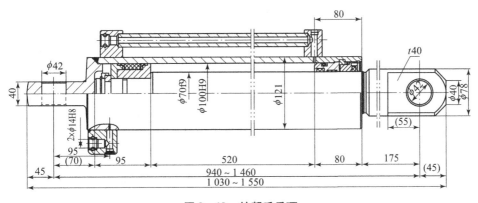

图 3-19　护帮千斤顶

ZY6400/14/32 型掩护式液压支架采用的护帮千斤顶的缸内径为 100 mm，行程为 520 mm，推力为 247 kN。

6）抬底千斤顶（见图 3-20）。抬底千斤顶上端与底座前过桥相连，下端与支架推移杆相接。其主要作用是在拉架时，若底座下陷，通过抬底千斤顶抬起底座前端，使液压支架顺利前移。抬底千斤顶主要由缸体、活塞、活塞杆、导向套及各种密封件组成。

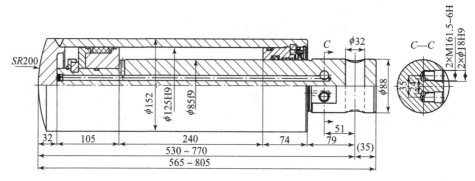

图 3-20　抬底千斤顶

ZY6400/14/32 型掩护式液压支架的抬底千斤顶的缸内径为 125 mm，推力为 386 kN，行程为 240 mm。

7）调底千斤顶（见图 3-21）。调底千斤顶一端与底座相连，另一端与调架梁相连。其主要作用是在拉架时，若底座偏移，通过调底千斤顶使液压支架位置摆正。调底千斤顶主要由缸体、活塞、活塞杆、导向套及各种密封件组成。

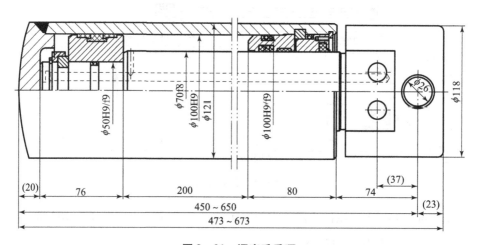

图 3-21　调底千斤顶

ZY6400/14/32 型掩护式液压支架的调底千斤顶的缸内径为 100 mm，推力为 247 kN，行程为 200 mm。

3.1.5　液压支架的液压系统

（1）液压系统原理

液压支架的液压系统通常由四部分组成：动力机构——乳化液（油）泵，将机械能转换为液压能；操作机构——控制阀、调节装置，通过其可控制、调节液压、流量和方向；执行机构——液动机（包括旋转式油泵电动机和往复式油缸），将液压能转换为机械能，并输出到工作面；辅助装置——油（液）箱、油管、接头、过滤器及控制仪表等。液压支架的液压系统原理如图 3–22 所示。

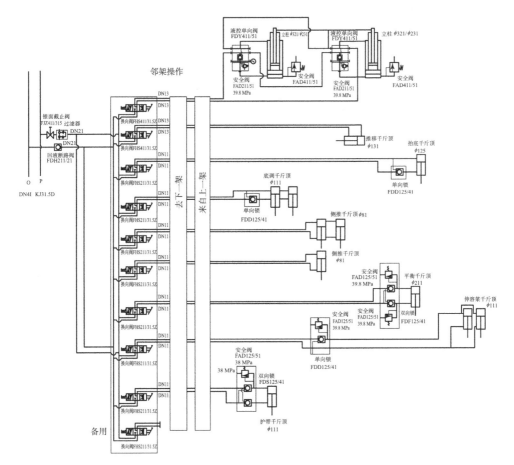

图 3–22　液压支架的液压系统原理

液压支架的压力是由设在顺槽的乳化液泵中的高压乳化液体所产生。高压通过主进液管路输送到工作面各支架的操纵阀，经分配再至各立柱和千斤顶使其动作，若需闭锁功能，则加装控制阀组（单向阀、双向锁和安全阀）；高压回液经过操纵阀回液口，由主回液管路返回乳化液泵站的乳化液箱。

液压支架的工作原理：通过立柱产生的初撑力，给顶板以足够的支撑力，支撑住顶板，使其不会过早离层和下沉；随着顶板压力的增加，当达到安全阀调定压力时，即额定工作阻力，安全阀开启泄液，当液压小于安全阀调定压力时，安全阀关闭，立柱继续承受额定工作阻力（略受立柱倾斜度影响）。

（2）乳化液泵站

乳化液泵站是用来向综采工作面液压支架或普采工作面单体液压支柱输送乳化液的设备，是支架液压系统的动力源。

乳化液泵站由乳化液泵组和乳化液箱组成，具有较完善的控制装置及过滤系统。乳化液泵组由乳化液泵、防爆电动机、联轴节和底架等组成。其主要作用是将机械能转换为液压能，以输出一定压力的乳化液，供给支架液压系统。乳化液箱是用来储存、回收和过滤乳化液的装置，配有液压控制系统。

乳化液泵一般为卧式三柱塞或五柱塞往复泵，其工作原理是将曲轴的转动运动经过连杆－滑块机构转换为柱塞的直线往复运动（见图3－23）。当柱塞向左运动时，在柱塞右端缸体

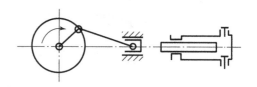

图3－23　乳化液泵工作原理示意图

空间内形成真空，乳化液箱的乳化液在大气压力的作用下把进液阀推开，乳化液进入缸体并充满其空间，此时，排液阀在排液管道内乳化液的压力作用下被关闭，从而完成吸液过程；当柱塞向右运动时，乳化液在柱塞的作用下关闭吸液阀而推开排液阀，将吸入的乳化液挤出缸体，从而完成排液过程。柱塞每往复一次，就吸、排液一次，完成输送高压乳化液的目的。这种利用缸体内容积的变化完成吸液和排液过程的泵称为容积式泵。

为了比较均匀、连续地输送乳化液，一般乳化液泵都做成三柱塞式或五柱塞式，以减小流量脉动。

关于乳化液泵的流量和压力介绍如下。

1）乳化液泵的流量。从乳化液泵的工作原理来看，柱塞一个行程排出的乳化液量＝柱塞面积×柱塞行程。如果柱塞在1 min内往复N次，乳化液泵有Z个

柱塞，则在 1 min 内所排出的乳化液量即乳化液泵的理论流量 Q_1 为

$$Q_1 = \frac{\pi}{4} D^2 SNZ \times 10^{-3}$$

式中　D——柱塞直径，mm；

$\quad\quad$ S——柱塞行程，mm；

$\quad\quad$ N——柱塞 1 min 内的往复次数；

$\quad\quad$ Z——柱塞数目。

但实际上乳化液泵总是有流量损失的，实际流量比理论流量要小些，因此，有

$$Q_s = Q_1 \eta_v = \frac{\pi}{4} D^2 SNZ \times 10^{-3} \eta_v$$

式中　η_v——容积效率，对柱塞往复泵一般取 90% ~ 95%。

某一具体泵的柱塞直径、行程、每分钟的往复次数和柱塞数目都是一定的，其流量也是一定的，因此，乳化液泵是一种定量泵。

2）乳化液泵的压力。乳化液泵在工作时排出的乳化液会输送给支架液压系统，这个过程要克服外部负载和管道摩擦阻力。在流量基本不变的情况下，乳化液泵的压力将随着外部负载和管道摩擦阻力的大小而变化。

当管道摩擦阻力一定时，外部负载越大，乳化液泵所产生的乳化液压力越高。例如，为了减缓煤层顶板的自然下沉，增加顶板的稳定性，使液压支架尽快在恒阻状态下工作，需要液压支架给顶板一个初撑力，初撑力需要的压力由乳化液泵供给。在初撑阶段，乳化液泵的压力是变化的。首先，乳化液泵产生的压力可使支架顶梁升起。当顶梁与顶板接触时，乳化液泵继续供液。由于顶板载荷的作用，乳化液泵的压力逐步升高，一直达到初撑力需要的压力值为止（此时如果乳化液泵没有额定压力的限制，则乳化液泵的压力会继续升高）。这个阶段是乳化液泵的压力逐渐升高的过程。在此之后，乳化液泵停止向液压支架供液，乳化液泵排出的乳化液经过乳化液泵站的卸载阀回到乳化液箱，乳化液泵处于卸载状态，低压运行。

由于乳化液泵所产生的乳化液压力受乳化液泵的结构、强度等限制，因此，乳化液泵在出厂时规定了一个额定压力，乳化液泵可在这个压力下安全、连续地运行。

3）乳化液泵流量脉动。柱塞直线往复运动的速度在曲轴每转动一圈的过程中在不断地变化（按正弦规律变化），且乳化液泵的连续流量正是三根（或五根）柱塞连续往复运动所获得流量的总和，因此，乳化液泵的流量也在不断地变化，时大时小，这种变化现象称为乳化液泵的流量脉动。流量脉动必然会引起液压系统高压管道内的压力变化，从而导致压力脉动现象的发生。

流量脉动和压力脉动引起管道和阀的振动，特别是当乳化液泵的脉动频率与管道和阀的固有频率一致时，就会出现强烈的共振，严重时会导致管道和阀门，甚至乳化液泵的损坏。乳化液泵站液压系统中的蓄能器就是为了减缓流量脉动和压力脉动而设置的。

影响乳化液泵工作效率的主要因素如下。

1）压力。乳化液泵的压力受零部件强度和摩擦副发热的限制，在设计中都留有适当的系数。

2）流量及容积效率。流量及容积效率损失的主要原因如下。

①乳化液的泄漏，包括由于密封件的损坏而产生的外部泄漏和由于阀的滞后现象，以及吸、排液阀关闭不严而产生的内部泄漏。

②乳化液的可压缩性使乳化液泵在高压状态下排量略小于理论排量。

③由于吸液不足（如吸液阻力过大）、真空度过大及温度过高而导致乳化液汽化。

3）曲轴箱油温。曲轴箱油温升高是曲轴箱传动各部件摩擦所产生的机械能转换为热能的结果。因此，曲轴箱要求有较高的齿轮传动精度、合适的轴瓦间隙和灵活的各部运动副，此外，还要求黏度适宜的优质且洁净的润滑油，以及良好的润滑条件。

4）噪声。齿轮传动和电动机转动是乳化液泵噪声的主要来源，特别是齿轮传动的影响最大。因此，乳化液泵的传动齿轮要有较高的啮合精度，以降低噪声。

选择乳化液泵时，应使压力与流量满足下列要求。

1）乳化液泵的压力。

乳化液泵的压力决定于选定的液压支架立柱的初撑力，即

$$p_b = \frac{4P_z}{\pi D_1^2} \times 10^{-3}$$

式中　p_b——乳化液泵的压力，MPa；

P_z——立柱的初撑力，kN；

D_1——立柱缸体内径，m。

2）乳化液泵的流量。

液压支架的移架速度应与采煤机的牵引速度相匹配，而乳化液泵的流量应满足移架速度的要求，因此，有

$$Q = (F_{hu} l_{ji} + F_{yi} l_{yi} + F_{huo} l_{sh})\frac{v}{S} \times 10^3$$

其中

$$F_{hu} = \frac{\pi}{4}(D_1^2 - D_2^2)$$

$$F_{huo} = \frac{\pi}{4}D^2$$

式中　Q——乳化液泵流量；

F_{hu}——立柱活柱腔的环形面积，m^2；

l_{ji}——降架距离，m；

F_{yi}——移架千斤顶移架时的作用面积，m^2；

l_{yi}——移架距离，m；

F_{huo}——立柱活塞腔面积，m^2；

l_{sh}——升架距离，m；

v——采煤机工作牵引速度，m/min；

S——支架中心距，m；

D_1——立柱缸内径，m；

D_2——立柱活柱外径，m。

对浮动活塞千斤顶，有

$$F_{yi} = \frac{\pi}{4}(D_3^2 - D_4^2)$$

对框架式千斤顶，有

$$F_{yi} = \frac{\pi}{4}D_3^2$$

式中　D_3——千斤顶缸内径，m；

D_4——活塞杆外径，m。

ZY6400/14/32 型掩护式液压支架的液压系统由乳化液泵站（200 L 以上乳化液泵和乳化液箱）、主管路（31.5D 主进液管、B40 主回液管）、架内支管路（B19、B13、B10 胶管）、各种液压控制元件（阀类）、工作元件（立柱、千斤顶）和辅助元件（接头、三通等）组成。

其中乳化液泵站的工作压力为 31.5 MPa，操纵方式为邻架控制，先移架后推溜，采用大流量级安全阀，使液压元件和支架构件的过载保护性能更有效。

（3）乳化液

液压系统用以传递和转换能量的压力液体，称为传动介质。目前，国内外液压支架采用的传动介质，绝大多数为油包水型乳化液。乳化液种类较多，性能差异也较大。正确选用传动介质，能充分发挥液压设备的能效，减少设备的损坏，延长使用寿命，防止造成事故。因此，要求液压支架用乳化液必须具有良好的润滑、稳定、清洗、防锈蚀和抗硬水性能。我国液压支架多用由煤炭科学总院北京开采研究所设计并研制的 M - 10、MDT 乳化油配制乳化液。其中 M - 10 配比浓度为 5%（M - 10 占 5%、中硬以下水占 95%），MDT 配比浓度为 3%（MDT 占 3%、中硬以下水占 97%）。

在采煤作业现场，应定期对乳化油、水质和配制的乳化液进行检查。

（4）防冻液

由于目前仍广泛使用含水 95% ~ 97% 的低浓度油包水型乳化液作为液压支架的传动介质，其冰点约为 - 2 ℃，冻结后体积膨胀为 7.6%，因此，在严寒季节，液压支架在地面存放和运输时要采取防冻措施，防止设备受冻损坏。其办法是排出液压支架液压系统内的乳化液，尤其是立柱、千斤顶内的乳化液，排出后，更换上 MFD 乳化防冻液即可。

3.1.6　防护装置

液压支架性能的好坏和对工作面地质条件的适应性，在很大程度上取决于防护装置的设置及其完善程度。防护装置一般为侧护板。

设置侧护板，可提高液压支架的掩护和防矸性能，一般情况下，液压支架的顶梁和掩护梁均设有侧护板。侧护板通常分为固定侧护板和活动侧护板两种，左、右对称布置，一侧为固定侧护板，另一侧为活动侧护板，固定侧护可以是永久性的也可以是暂时性的（又称双向可调活动侧护板）。暂时性固定侧护板可以在调换工作面方向时，改作活动侧护板，而此时，另一侧的活动侧护板改为固定侧护板。活动侧护板一般由弹簧套筒和千斤顶控制。

侧护板的主要作用如下。

1）阻挡矸石，即使在降架过程中，由于弹簧套筒的作用，活动侧护板与邻架固定侧护板始终相接触，能有效防矸。

2）可操作侧推千斤顶，用侧护板调架，对液压支架稳定性有一定作用。

ZY6400/14/32 型掩护式液压支架的防护装置是顶梁和掩护梁设有双侧活动侧护板（见图 3 - 24、图 3 - 25），由两个弹簧套筒和两个千斤顶控制，活动侧护板由两个弹簧套筒和两个千斤顶控制。弹簧套筒由导杆、弹簧、弹簧筒等组成，活动侧护板则采用钢板直角对焊结构。

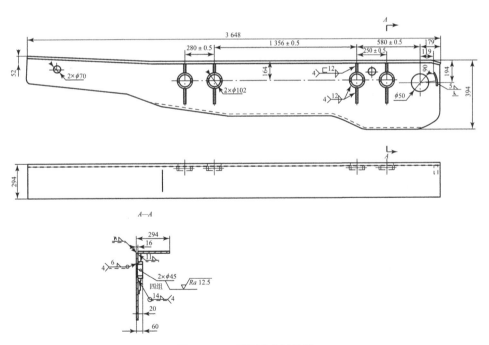

图 3 - 24 顶梁活动侧护板

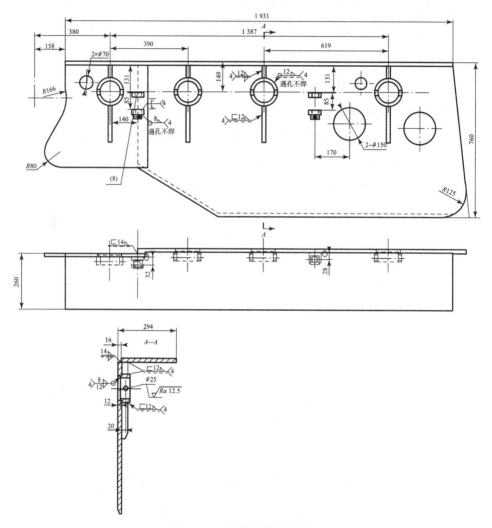

图 3 - 25　掩护梁活动侧护板

3.1.7　液压支架的主要技术特征

（1）液压支架

液压支架主要技术特征包括高度、中心距、宽度、初撑力、工作阻力、支护强度、底板前端比压、适应煤层倾角、泵站压力、操作方式、截深、支架质量等。ZY6400/14/32 型掩护式液压支架技术特征见表 3 - 1。

表 3 - 1　ZY6400/14/32 型掩护式液压支架技术特征

技术特征	参数值
高度	1 400 ~ 3 200 mm
中心距	1 500 mm
宽度	1 420 ~ 1 590 mm
初撑力	5 065 kN（$P = 31.5$ MPa）
工作阻力	6 400 kN（$P = 39.8$ MPa）
支护强度	0.91 ~ 1.08 MPa
底板前端比压	1.40 ~ 2.87 MPa
适应煤层倾角	≤15°
泵站压力	31.5 MPa
操作方式	邻架控制
截深	800 mm
支架重量	21 000 kg

（2）立柱

立柱技术特征包括伸缩形式、个数、缸内径、柱径、行程、初撑力、工作阻力等，见表 3 - 2。

表 3 - 2　立柱技术特征

伸缩形式	双伸缩
个数	2
缸内径	320 mm/230 mm
柱径	290 mm/210 mm
行程	1 610 mm
初撑力	2 533 kN（$P = 31.5$ MPa）
工作阻力	3 200 kN（$P = 39.8$ MPa）

（3）推移千斤顶

推移千斤顶技术特征包括个数、缸内径/杆径、行程、推溜力/拉架力等，见表 3 - 3。

表 3 - 3　推移千斤顶技术特征

个数	1
缸内径/杆径	160 mm/120 mm
行程	900 mm
推溜力/拉架力	277 kN/633 kN（$P=31.5$ MPa）

（4）平衡千斤顶

平衡千斤顶技术特征包括个数、缸内径/杆径、行程、初撑力（推/收）、工作阻力（推/收）等，见表 3 - 4。

表 3 - 4　平衡千斤顶技术特征

个数	1
缸内径/杆径	200 mm/120 mm
行程	395 mm
初撑力（推/收）	989 kN/633 kN（$P=31.5$ MPa）
工作阻力（推/收）	1 250 kN/800 kN（$P=39.8$ MPa）

（5）护帮千斤顶

护帮千斤顶技术特征包括个数、缸内径/杆径、行程、推力、工作阻力等，见表 3 - 5。

表 3 - 5　护帮千斤顶技术特征

个数	1
缸内径/杆径	100 mm/70 mm
行程	520 mm
推力	247 kN（$P=31.5$ MPa）
工作阻力	312 kN（$P=39.8$ MPa）

（6）伸缩千斤顶

伸缩千斤顶技术特征包括个数、缸内径/杆径、行程、推力/拉力等，见表 3 - 6。

表 3 - 6　伸缩千斤顶技术特征

个数	2
缸内径/杆径	100 mm/70 mm
行程	800 mm
推力/拉力	247 kN/126 kN（$P = 31.5$ MPa）

（7）侧推千斤顶

侧推千斤顶技术特征包括个数、缸内径/杆径、行程、推力/拉力等，见表 3 - 7。

表 3 - 7　侧推千斤顶技术特征

个数	4
缸内径/杆径	80 mm/60 mm
行程	170 mm
推力/拉力	158 kN/69 kN（$P = 31.5$ MPa）

（8）抬底千斤顶

抬底千斤顶技术特征包括个数、缸内径/杆径、行程、推力、工作阻力等，见表 3 - 8。

表 3 - 8　抬底千斤顶技术特征

个数	1
缸内径/杆径	125 mm/85 mm
行程	240 mm
推力	386 kN（$P = 31.5$ MPa）
工作阻力	488 kN（$P = 39.8$ MPa）

（9）底调千斤顶

底调千斤顶技术特征包括个数、缸内径/杆径、行程、推力、工作阻力等，见表 3 - 9。

表 3 – 9　底调千斤顶技术特征

个数	2
缸内径/杆径	100 mm/70 mm
行程	200 mm
推力	247 kN（$P = 31.5$ MPa）
工作阻力	312 kN（$P = 39.8$ MPa）

■ 3.2　液压支架安装、拆卸、操作、维护、管理中的经验

3.2.1　液压支架的安装与拆卸

1）在安装液压支架的顶梁和立柱时，为了固定液压支架、确保安全，一定要固定好液压支架的掩护梁、四连杆。例如，可在每对前、后连杆之间和前连杆与掩护梁之间插入硬木楔，用以防止液压支架突然下落。

2）在安装侧护板时，由于侧护板与顶梁内的弹簧导杆为铰接形式，同时还承受弹簧的向外张力，因此，必须操纵侧推千斤顶来回移动侧护板，从而达到正确的安装位置。在此操作过程中，操作人员一定要听从拆装人员的指挥，才能达到操作准确无误。同时，不允许在侧护板运动空间内有其他非工作人员，否则会造成人员受到严重伤害，甚至死亡。

3）在井下更换液压支架的立柱时，应由专业人员调整液压管路。此外，立柱必须处于支撑之中，并做好辅助支撑，防止顶板过度下沉。

4）在任何拆装过程中，操作人员要绝对听从具体拆装工作人员的指挥，并做到操作准确无误。

3.2.2　液压支架在工作面的操作

液压支架在工作面的操作要做到快、够、正、匀、平、紧、严、净。快——移架速度快；够——推移步距够；正——操作正确无误；匀——平稳操作；平——推溜移架要确保三直两平；紧——及时支护紧跟采煤机；严——接顶挡矸

严实；净——及时清除架前、架内的浮煤、碎矸。

采煤作业基本操作程序一般为割煤→拉架→移运输机，要求在跟机时及时支护顶板，移架距离滞后采煤机滚筒 3～5 m，推溜滞后 10～15 m。

应及时清除液压支架和运输机之间的浮煤碎矸，以免影响移架；定期清除液压支架内推杆下和柱窝内的煤粉、碎矸；定期冲洗液压支架内堆积的粉尘。

爱护设备，不准用金属件、工具等物碰撞液压元件，尤其要注意防止碰伤、砸伤立柱、千斤顶活塞杆的镀层和挤坏胶管接头。

在操作过程中若出现故障，应及时排除，操作人员应随身携带一定数量的密封件和易损件，一般故障操作人员应能排除；若操作人员不能排除须及时报告，协同检修人员查找原因，采取措施迅速排除故障或更换零部件。

3.2.3　液压支架的日常检修

液压系统发生高压故障时，必须停机检修。在拆卸各种阀、立柱、千斤顶、胶管之前，应先检查液压支架内部是否有压力，必须先卸压，后拆卸。液压元件须井下整体更换，再上井检修，井下更换的液压元件必须是同规格、同型号且具备有效期内安全标志认证证书的产品。

1）在进行检修工作的过程中，绝不能带压拆卸各类胶管及液压元件。

2）在检修时，一定要在该液压支架的操纵阀组上挂出"正在检修勿动"警示标志。如果在检修中需要操作操纵阀组，必须在检修人员的指挥下，由专业操作人员操作。

3）确保按照规定的条例及检修期限维护液压支架。

4）至少每班检查一次液压支架，观察其是否有损坏和发生事故的隐患，如有问题，应及时处理。在处理问题时要划定足够大的警戒范围，并放置警戒标志，确保人员安全。

5）不能随意对液压支架进行任何更改，否则可能会降低其安全性。如果必须更改，则要通知设计单位或生产厂家，以便核查更改方案对液压支架是否存在影响，或由设计单位及生产厂家提供正确的最终更改方案。任何未经授权的更改都将导致液压支架出厂合格证的失效。

6）在检修液压支架推移装置时，要与采煤机隔绝。

7）在液压支架检修工作的过程中，必须防护好顶板和煤壁，以防止冒落岩石和片帮。此外，还须停止采煤机和运输机，或采取其他措施确保在继续采煤作业的情况下，不会影响检修工作的绝对安全。

8）在采煤作业中，如果需要分离液压支架，务必先停止采煤机，并在绝对安全的范围内进行。此外，还要解除工作环境内液压支架的液压力和机械力，以免造成事故。

9）在任何检修液压支架工作之前，都应采取机械固定的方法固定好液压支架，如在每对四连杆之间插入垫木、在倾斜工作面使用圆环链或其他有效方法固定更换件，以防止顶梁、掩护梁的突然下降和更换件的突然下滑。在检修工作完成后，应检查检修件、更换件的功能是否正常。

10）对液压支架液压系统的操作、检修，必须由经培训合格的专职人员来进行。在检修工作中，不要使皮肤接触，或尽量少接触乳化液，这是因为乳化液对身体健康有害。一旦皮肤接触到乳化液，须尽快清洗干净。

11）在检修液压支架液压系统时，连接胶管前要彻底冲洗胶管中的铁屑等脏物，确保液压系统的清洁度，否则会给液压系统带来严重损害。

12）要严格检查并确保液压系统胶管接口处无漏液，胶管外部无损伤、暴皮、起泡等现象存在。

13）液压系统中各胶管的型号、规格和压力不同，因此，在更换胶管时，要用相同或高于原压力的同型号、同规格的胶管来代替。此外，不要漏装或将损伤的 O 形圈和挡圈装入，注意挡圈的安装位置要正确。

14）只能用正确的 U 形卡来固定管接头，并牢固插紧，绝不能用铁钉、铁丝等其他物品来固定。

15）凡是使用两年及以上的陈旧胶管，即使看不出有损坏痕迹也必须更换。

16）一旦怀疑液压系统中胶管损坏，就要更换，绝不能试图修复。

17）绝不允许带压维护、更换液压系统中胶管，以免高压伤人。

18）当液压支架紧邻运输机挡煤板或在挡煤板上方工作时，必须采取防止冒顶或片帮的措施。

19）在检修液压支架液压系统管路时，应捆绑、理顺胶管。注意应使胶管能够自由移动，不能使其挤压或过度拉伸。

20）出现已损坏的胶管及液压元件，应由专职人员立即更换。在更换前，必须将液压系统和被更换件内的压力卸掉。

21）在检修、更换控制阀与立柱及一些承受压力的液压缸（如平衡千斤顶、立柱等）之间的液压管路及元件时，必须先卸压，并将与其连接有可能发生转动的零部件，用机械方法锁定。这一方法对铰接零部件同样适用。

3.2.4 液压支架的维护与管理

1）基本要求。掌握液压支架的有关知识，了解各零部件的结构、规格、材质、性能和作用，熟练进行维护和检修，遵守维护规程，及时排除故障，保持设备完好，保证正常安全生产。

2）维护内容。包括日常维护保养和拆检维修，其中日常维护保养的重点是液压系统。日常维护保养要做到一经常、二齐全、三无漏堵。一经常——维护保养坚持经常；二齐全——连接件齐全、液压元件齐全；三无漏堵——阀类无漏堵，立柱、千斤顶无漏堵，管路无漏堵。液压元件的检修原则是井下更换、井上检修。

3）维修前应做到一清楚、二准备。一清楚——维护项目和重点要清楚；二准备——准备好工具尤其是专用工具，准备好备用配件。维护时应做到了解核实无误、分析准确、处理果断、不留后患。了解核实——了解出故障的前因后果，并加以核实，确认无误；分析准确——分析故障零部件及原因要准确；处理果断——判明故障后要果断处理，该更换的立即更换，需检修的立即上井检修；不留后患——树立高度责任感和事业心，排除故障不马虎、不留后患，设备不"带病"运转。

4）坚持检修制度。做到五检，即班随检、日小检、周（旬）中检，月大检、季（年）总检。班随检——生产班检修人员跟踪维护检修可能发生故障部位和零部件，基本保证三个生产班不出大故障；日小检——每天全面检查维护一次，处理班随检时发现的小问题；周（旬）中检——在班随检、日小检的基础上进行周（旬）末的全面检修，对磨损、变形较大和出现漏、堵现象的零部件进行"强迫"更换，一般在 6 h 内完成，必要时可增加 1~2 h；月大检——在周（旬）中检的基础上每月进行一次全面检修，统计设备完好率，整理出故障规律，采取预防措施，一般在 12 h 内完成，必要时可延长至 1 天，应将其列入矿检修计划；季（年）总检——在月大检的基础上每季（年）进行总检，一般在 1 天内完成，也可与当月大检结合进行，统计季（年）设备完好率，验证故障规律，总结经验教训（也可进行半年总结和年终总结）。

5）维护人员要做到一不准、二安全、三配合、四坚持。一不准——井下不准随意调整安全阀压力；二安全——在维护中要保证人员和设备安全；三配合——生产班应配合操作人员维护、保养液压支架，检修班应配合生产班保证生产班无大故障，在检修时要与其他工种互相配合共同完成检修班任务；四坚持——坚持正规循环和检修制度，坚持事故分析制度，坚持填写检修日志和有关表格，坚持技术学习以提高业务水平。

3.2.5　液压支架的储存

液压支架若在夏季发货，则生产厂家应采用 MT/T 76 – 2011 标准液压支架专用乳化液（5% 乳化液 + 95% 水）将整个液压支架液压系统充满，从而保护立柱和各千斤顶的密封件不受腐蚀。如果储存时间过长，则每年更换一次乳化液。

若在冬季发货，则应根据用户所在地冬季最低气温来选用不同凝固点的防冻液。生产厂家常用的防冻液为液压支架专用防冻液，规格为 MFD – 40、MFD – 25、MFD – 15。在向液压支架注入防冻液时，一定要将液压支架液压系统内的乳化液排净，然后再将整个液压系统充满适用于该地区最低气温的某一规格的防冻液。防冻液的主要作用是防止液压支架在冬季因气温过低而引起液压系统中的液体结冰膨胀，这会导致整个液压元件及缸体的损坏。此外，防冻液还可起到防腐蚀的作用。如果储存时间过长，则每年更换一次防冻液。

储存液压支架的注意事项如下。

1）液压支架要储存在专设的仓库内，要防止阳光直射导致液压支架温度过高而造成密封圈的过早老化，另外还需注意防潮。若条件有限，则可搭防雨、防水、防潮的临时帐篷，或用防水油布保护，绝不能直接置于阳光下暴晒。

2）即使有完好的储存环境，密封件和胶管也会自然老化，密封件和胶管的储存期限大约为 2 年，若超过储存期限，则要更换相同的型号、规格的相应零部件。

3）储存期在 4 个月数之内称为短期储存。短期储存液压支架可以储存在室外，但冬季在 0℃ 以下的地区，不管储存时间长短均要给液压支架液压系统充满防冻液。在充防冻液时要先将液压系统内的乳化液排净，并堵住暴露的通液孔。

4）储存期在 6 个月以上称为长期储存。长期储存按上述 1）储存要求实行。

5）在储存新液压支架时，要与现有的储存设备分开放置，遵守先存入先提取的原则，并标明储存日期。

6）一旦临时停止使用液压支架，必须将液压系统彻底冲洗干净，并充满适当的液体（如防冻液），否则在细菌的作用下，液压系统内的乳化液会快速变质而失效，液压元件也会在短期内遭到严重损坏。

■ 3.3　液压支架常见故障及其处理方法

在液压支架的制造过程中，样机会经过各种受力状态下的性能试验、强度试验和累计几万次的耐久性试验；在出厂时，又会经过严格的验收程序。因此，液压支架经受了各种考验，其主要结构件和液压元件有足够强度，且性能可靠，在正常情况下，不会发生大的故障。

但是，液压支架在井下的使用过程中，由于煤层地质条件复杂，影响因素也较多，再加上如果在维护方面存在隐患或违章操作，则液压支架出现故障也是难免的。因此，必须加强对综采设备的维护、管理，使液压支架不出现或少出现故障，一旦出现故障，不管故障大小，都要及时查明原因并迅速排除，使液压支架保持完好，保证综采工作面的设备正常运转。

下面对液压支架在使用中可能出现故障的部位、原因和排除方法，分别进行简单介绍。

3.3.1　液压支架在操作和支护时的故障及其处理方法

在液压支架的操作和支护过程中可能出现的故障有初撑力偏低、工作阻力超限、推溜和移架行走路径不平直，以及由于顶板管理不善而出现的顶空、倒架等。

（1）初撑力偏低和工作阻力超限

液压支架初撑力的大小，对控制顶板下沉和管理顶板有直接影响，因此，必须保证对顶板有足够的初撑力。出现初撑力偏低的主要原因是作为液压支架动力源的乳化液压力不足或液压系统漏液，此外，在操作时充液时间过短也是一个原因。保证足够初撑力的措施有两个，观察乳化液泵站的压力变化，及时调整压力；液压系统不能出现漏液，尽量减少管路压力损失。应注意的是，过大的初撑力并不利于对某些顶板的管理。

液压支架的工作阻力超限，不利于液压支架零部件和液压元件，甚至会造成其损坏。液压支架工作阻力超限的主要原因有安全阀超调使其超过额定工作压力；安全阀失去作用，在达到额定工作压力时，安全阀未开启泄液而继续承受增阻压力，造成工作阻力超限。防止工作阻力超限的办法：对安全阀进行定期检查、调试，安全阀调定压力严格设置为额定工作压力（即工作阻力）；井下不得随意调整安全阀的工作压力。液压支架如果配有压力表，应随时观察工作面的压力变化；如果未配有压力表，只看安全阀又不能判定工作阻力是否超限，则应在顶板初次来压和周期来压时，观察大部分安全阀，甚至全部安全阀均未开启泄液，就必须检测安全阀是否可靠。在通常情况下，由于工作面顶板来压或局部压力增大而使安全阀开启泄漏，这是正常现象；相反，若安全阀未开启泄液，则说明液压支架工作阻力选得过大或安全阀工作压力调得过高。此外，工作阻力偏低也不利于顶板的管理。

（2）推溜和移架行走路径不平直

综采工作面是否平直，与采煤机在割煤时顶板、底板是否平直有直接关系，也与推溜和移架行走路径是否平直直接相关，它们是相互影响的。如果顶板、底板在割煤时将煤壁割得起伏不平，甚至割出台阶，则不能顺利推溜，移架的距离也不够，反过来又会影响采煤机的截深；此外，这种煤壁的起伏不平会使运输机和液压支架歪斜，可能导致采煤机滚筒与铲煤板或顶梁出现干涉。推溜和移架行走路径是否平直，是综采工作面保持两平三直的关键。

ZY6400/14/32 型掩护式液压支架采用及时支护方式推移支架。在正常情况下，当采煤机割煤后，该支架以邻架操作方式，距采煤机后滚筒 3～5 m 开始移架，按顺序逐架进行。在顶板破碎、悬顶面积大时，可在采煤机割完顶刀后，将该支架伸缩梁伸出，及时维护煤帮顶板，保证其完整性。该支架在移架后，距采煤机 10 ~ 15 m 开始推移运输机，推溜和移架要协调，其弯度不可过大，一般 2 ~ 3 次即可到位。

3.3.2　液压支架立柱和千斤顶的故障及其处理方法

液压支架的各种动作，主要由立柱和各类千斤顶根据用户的要求来完成，如果立柱或千斤顶出现故障（如动作慢或不动作），则直接影响液压支架对顶板的支护和推移功能。出现立柱或千斤顶动作慢的主要原因可能是乳化液泵压力低、流量不足；还可能是进、回液通道有阻塞现象；也可能是几个动作同时操作而造成短时乳化液流量不足；此外，液压系统及液压控制元件有漏液现象，也是一个原因。出现立柱或千斤顶不动作的主要原因可能是：管路阻塞，不能进、回液；控制阀（单向阀、安全阀）失灵，进、回液受阻；立柱、千斤顶活塞密封渗漏窜液；立柱、千斤顶缸体或活柱（活塞杆）受侧向力影响变形；截止阀未打开等。可采取的措施：当管路系统有污染时，及时清洗乳化液箱和过滤装置；随时注意观察，不使液压支架出现蹩卡现象；若立柱、千斤顶在排除蹩卡现象和截止阀等原因后仍不动作，则应立即更换并上井检修；若发生焊缝渗漏，则应在拆除密封件后上井补焊并保护密封面。

3.3.3　液压支架结构件和连接销轴的故障及其处理方法

（1）结构件

液压支架的结构件通常不会出现大的故障，主要结构件的设计强度足够，但在使用过程中可能由于出现特殊集中受力状态、焊缝质量差、焊缝应力集中或操作不当等原因出现局部焊缝裂纹。可能出现焊缝裂纹的部位包括顶梁柱帽和底座柱窝附近、各种千斤顶支承耳座四周、底座前部中间低凹部分等。

处理办法：采取措施防止焊缝裂纹扩大；不能拆卸、更换的结构件，待液压支架转移工作面时上井补焊。

（2）连接销轴

在结构件之间，以及与液压元件连接所用的销轴，可能会出现磨损、弯曲、断裂等情况。结构件的连接销轴可能出现磨损，一般不会弯曲甚至断裂；千斤顶和立柱两头的连接销轴出现弯曲甚至断裂的可能性较大。

连接销轴磨损、弯曲断裂的原因主要是材质和热处理不符合设计要求及操作不当等。如发现连接销轴磨损、弯曲甚至断裂，则要及时更换。

3.3.4　综采工作面液压支架防护装置的故障及其处理方法

综采工作面的防护装置，应视井下情况进行正确选择和使用，若使用不当，则可能出现故障。例如，若活动侧护板发生误动作，则可能造成窜矸并碰伤和损坏设备。要防止上述事故，必须严格按操作程序和规程要求，正确操作和使用各种防护装置，防止误动作，使其起到有效的防护作用。

3.3.5　液压支架液压系统和液压元件的故障及其处理方法

液压支架的常见故障，多数与液压系统的液压元件有关，如胶管和管接头漏液、液压控制元件失灵、立柱及千斤顶不动作等。因此，液压支架的维护重点，应放在液压系统和液压元件方面。

需要注意的是，在维修液压系统前，应将乳化液泵站和截止阀关闭，并确保操纵阀、单向锁及双向锁内乳化液无压力。

在井下更换液压元件（包括胶管）时，必须使用同规格、同型号且具备有效期内安全标志认证证书的产品。

（1）胶管及管接头

造成液压支架胶管和管接头漏液的原因：O形圈或挡圈大小不当或被切、挤坏，管接头密封面磨损或尺寸超差；胶管与管接头扣压不牢；在使用过程中胶管被挤坏、管接头被碰坏；胶管质量不好或过期老化、起包、渗漏等。

可采取的措施：对大小不当或损坏的密封件要及时更换，其他原因造成漏液的胶管、管接头均应更换并上井检修；管接头在保存和运输时，必须保护密封面、挡圈和密封圈不被损坏；更换胶管时不要猛砸或硬插，安装好后不要频繁进行扩装，平时注意整理好胶管，防止挤、碰胶管及管接头。

（2）液压控制元件

液压支架的液压控制元件，如操纵阀、液控单向阀、安全阀、截止阀、回油断路阀、过滤器等出现故障，通常是密封件（如密封圈、挡圈、阀垫或阀座）等关键件损坏导致不能实现良好密封，也可能是阀座和阀垫等塑料件扎入金属屑导致密封不足；液压系统污染，脏物、杂质进入液压系统又未及时清除，也会致使液压控制元件不能正常工作；弹簧不符合要求或损坏，使钢球不能复位密封或影响阀的性能（如安全阀的开启、关闭压力出现偏差）；个别接头和焊堵的焊缝可能出现渗漏等同样会影响液压控制元件的工作状态。

应采取的措施：液压控制元件出现故障，应及时更换并上井检修；保持液压系统清洁；定期清洗过滤装置（包括乳化液箱）；液压控制元件的关键件（如密封件）要保持良好不受损坏；弹簧件要定期抽检性能、阀类要进行性能试验，焊缝渗漏要在拆除内部密封件后进行补焊，并按要求进行压力试验。

液压支架液压系统常见故障部位、故障现象、可能原因及处理方法见表 3 – 10。

表 3 – 10　液压支架液压系统常见故障部位、故障现象、可能原因及处理方法

故障部位	故障现象	可能原因	处理方法
乳化液泵站	1. 乳化液泵不能运行	电气系统故障	检查维修电源、电动机、开关、保险等
		乳化液箱中乳化液流量不足	及时补充乳化液，处理漏液
	2. 乳化液泵不输送乳化液、无流量	乳化液泵内有空气未排净	使乳化液泵通气、经通气孔注满乳化液
		吸液阀损坏或堵塞	更换吸液阀或清洗吸液管
		柱塞密封漏液	拧紧柱塞密封
		乳化液泵吸入空气	更换距离套
		配液口漏液	拧紧配液口螺丝或更换密封
	3. 达不到所需工作压力	活塞填料损坏	更换活塞填料
		管接头或管路漏液	拧紧管接头或更换胶管
		安全阀调值过低	重新调节安全阀
	4. 液压系统有噪声	乳化液泵吸入空气	密封吸液管、配液管及接口
		乳化液箱中没有足够乳化液	补充乳化液
		安全阀调值过低	重调安全阀

故障部位	故障现象	可能原因	处理方法
乳化液泵站	5. 工作面无液流	乳化液泵站或管路漏液	拧紧管接头、更换胶管
		安全阀损坏	更换安全阀
		截止阀漏液	更换截止阀
		蓄能器充气压力不足	更换蓄能器或重新充气
	6. 乳化液中出现杂质	乳化液箱口未盖严	添加并检查乳化液后将箱口盖严
		过滤器太脏、堵塞	清洗或更换过滤器
		水质和乳化油出现问题	分析水质、化验乳化油
立柱	1. 乳化液外漏	液压密封件密封性能变差	更换液压密封件
		管接头焊缝出现裂纹	更换管接头并上井补焊
	2. 立柱不上升或上升速度慢	截止阀未打开或打开不够	打开截止阀并开足
		乳化液泵的压力低、流量小	检修乳化液泵泵压、水源及管路
		操纵阀漏液或内部窜液	更换操纵阀并上井检修
		操纵阀、单向阀、截止阀等出现堵塞	查清、更换故障元件，并上井检修
		过滤器堵塞	清洗或更换过滤器
		管路堵塞	查清并更换堵塞管路
		系统出现漏液	查清并更换故障密封件或元件
		立柱变形或发生内、外泄漏	更换立柱上井检修
	3. 立柱不下降或下降速度慢	截止阀未打开或打开不够	打开截止阀并开足
		管路出现漏、堵现象	检查压力是否过低，查清并更换漏、堵管路
		操纵阀动作不灵	清理转把处矿尘或更换操纵阀
		顶梁或其他部位出现憋卡现象	排除憋卡物并调架

续表

故障部位	故障现象	可能原因	处理方法
立柱	4. 立柱自降	安全阀泄液	更换密封件或重新调定安全阀工作压力
		单向阀不能锁闭	更换单向阀并上井检修
		立柱硬管、阀接板发生泄漏	查清、更换故障元件，并上井检修
		立柱内渗液	若在其他因素排除后仍自降，则立即更换立柱并上井检修
	5. 达不到性能要求	乳化液泵压低，初撑力小	调节乳化液泵压，排除管路漏、堵现象
		操作时间短，未达到指定泵压便停供液，达不到指定初撑力	操作时间足够
		安全阀调值过低，达不到工作阻力	按要求调节安全阀工作压力
		安全阀失灵，造成超压	更换安全阀
千斤顶	1. 不动作	管路堵塞、截止阀未开，或过滤器堵塞	查清并更换堵塞部位元件，打开截止阀，清洗过滤器
		千斤顶变形不能伸缩	若来回供液均不动，则更换千斤顶并上井检修
		与连接件发生蹩卡	排除蹩卡
	2. 动作慢	泵压低	检修并调压
		管路堵塞	查清并更换堵塞部位元件
		几个动作同时进行，造成乳化液流量短时不足	协调操作，尽量避免过多动作同时进行
	3. 个别连动现象	操纵阀窜液	更换操纵阀并上井检修
		回液阻力影响	发生于空运转时，不影响支撑
	4. 达不到要求支撑力	泵压低，导致初撑力低	调整乳化液泵压
		操作时间短，未达到指定乳化液泵压，导致初撑力低	使操作时间足够
		闭锁液路漏液，达不到工作阻力	更换漏液元件

故障部位	故障现象	可能原因	处理方法
千斤顶	4. 达不到要求支撑力	安全阀工作压力低，达不到工作阻力	按要求调节安全阀工作压力
		阀、管路出现漏液	更换漏液阀、管路相关元件
		单向阀、安全阀失灵，造成闭锁超阻	更换单向阀、安全阀
	5. 千斤顶出现漏液	外漏主要是由于密封件损坏	除管接头 O 形圈在井下更换外，其他均更换并上井补焊
		缸底、管接头出现焊缝裂纹	更换并上井补焊
操纵阀	1. 不操作时有液流声，间或出现活塞杆动作慢	钢球与阀座密封不好，内部窜液	更换相关元件并上井检修
		阀座上 O 形圈损坏	更换 O 形圈并上井检修
		钢球与阀座处被脏物卡住	若动作几次之后无效，则清洗或更换相关元件
	2. 操作时液流声大，且立柱、千斤顶动作慢	阀柱端面不平且与阀垫密封不严，进液管路与回液管路相通	更换阀柱并上井检修
		阀垫、中阀套处 O 形圈损坏	更换 O 形圈并上井检修
	3. 阀体外出现渗液	接头和片阀之间的 O 形圈损坏	更换 O 形圈并上井检修
		连接片阀的螺栓、螺母松动	拧紧螺母
		轴向密封不好，手把端套处出现渗液	更换相关元件并上井检修
	4. 操作手把折断	因重物碰击而断折	更换操作手把，严禁重物撞击
		从阀片垂直方向重压操作手把	更换操作手把，并注意操作时不要猛推或重压操作手把
		操作手把质量差	更换操作手把
	5. 操作手把不灵活、不能自锁	操作手把处进碎矸、煤粉过多	清洗操作手把
		压块磨损	更换压块
		操作手把摆角小于 80°	操作手把摆角调整到 80°

续表

故障部位	故障现象	可能原因	处理方法
单向阀	1. 不能闭锁液路	钢球与阀座损坏	更换相关元件并上井检修
		乳化液中含有杂质导致单向阀卡住无法密封	若充液几次仍无法密封，则更换单向阀并上井检修
		轴向密封损坏	更换密封件
		配套的安全阀损坏	更换安全阀
	2. 闭锁腔不能回液，立柱、千斤顶无法回缩	顶杆断折、变形顶不开钢球	更换顶杆并上井检修
		控制液路堵塞不通液	更换拆检控制液管，保证畅通
		顶杆处损坏，向回路窜液	更换相关元件并上井检修
		顶杆与套或中间阀卡塞，使顶杆不能移动	更换相关元件并上井检修
安全阀	1. 不到额定工作压力即开启	未按要求额定工作压力调节安全阀工作压力	按要求调节安全阀工作压力
		弹簧疲劳失去原有特性	更换弹簧
		在井下误触调压螺钉	更换安全阀并上井调试
	2. 降到应关闭工作压力不能及时关闭	阀座与阀体等出现憋卡现象	更换相关元件并上井检修
		弹簧疲劳失去原有特性	更换弹簧
		密封面粘连	更换相关元件并上井检修
		阀座、弹簧座错位	更换相关元件并上井检修
	3. 出现渗漏	O 形圈损坏	更换 O 形圈
		阀座与 O 形圈不能复位	更换阀座、弹簧等
	4. 外部载荷超过额定工作压力安全阀未开启	弹簧力过大、不符合要求	更换弹簧
		阀座、弹簧座、弹簧变形卡死	更换安全阀并上井检修
		杂质、脏物堵塞，阀座不能移动，过滤网堵死	清洗或更换安全阀
		误触调压螺钉，造成超调	更换安全阀并上井调试

续表

故障部位	故障现象	可能原因	处理方法
其他阀类	1. 截止阀不严或无法开、关	阀座磨损	更换阀座
		其他密封件损坏	更换 O 形圈
		手把紧或转动不灵活	更换手把
	2. 回液断路阀失灵，造成回液倒流	阀芯损坏，不能密封	更换阀芯
		弹簧力弱或弹簧断折导致阀芯不能复位密封	更换弹簧
		杂质、脏物卡塞导致回液断路阀不能密封	清洗或更换回液断路阀
		阀壳内与阀芯的密封面破坏，密封失灵	更换阀壳
	3. 过滤器堵塞或拦网不起作用	杂质脏物堵塞过滤器或拦网，造成乳化液流无法通过或液流量小	定期清洗过滤器或拦网，发现堵塞要及时拆洗
		过滤网破损，失去过滤作用	更换过滤网
		O 形圈损坏，造成乳化液外泄	更换 O 形圈
辅助元件	1. 高压胶管发生损坏、漏液	高压胶管被挤、砸坏	清理管路、更换坏管
		高压胶管过期、老化或断裂	更换高压胶管
		高压胶管与管接头扣压不牢	更换高压胶管或管接头
		升降、推移架时高压胶管被拉、挤坏	更换坏管，并整理好高压胶管，必要时用管夹整理成束
		高、低压胶管混用，造成胶管裂爆	更换裂管，胶管标记须明显
	2. 管接头损坏	升降、推移架的过程中被挤、碰坏	更换管接头
		拆装困难，加工尺寸或密封圈不合格	更换密封圈或管接头
		密封面或 O 形圈损坏，不能密封	更换密封圈或管接头
		由于锻件裂纹、气孔缺陷造成管接头体渗液	更换管接头

故障部位	故障现象	可能原因	处理方法
辅助元件	3. U 形卡折断	U 形卡质量不符合要求 , 受力折断	更换 U 形卡
		拆装 U 形卡时因受到敲击折断	更换 U 形卡并防止重力敲击
		U 形卡不符合规格	使用符合规格 U 形卡 , 松动时及时复位
	4. 其他辅助液压元件损坏	被挤坏	更换损坏元件
		密封件损坏 , 造成密封不良	更换密封件

3.3.6　乳化液箱的故障及其处理方法

乳化液箱的故障及其处理方法见表 3 – 11 。

表 3 – 11　乳化液箱的故障及其处理方法

序号	故障现象	故障原因	处理方法
1	乳化液泵不出液或出液不足 , 泵的压力过低或消失 , 压力表指针不动	吸液管的供液阀门未打开	打开供液阀门
		乳化液泵内有空气	排空空气
		吸液管密封不好	拧紧管接头或更换吸液管
		压力表开关关死或压力表损坏	打开压力表开关 , 检查并更换压力表
		乳化液液箱内液位过低	补充乳化液
		供液过滤器阻塞或供液不足	清洗过滤器 , 处理供液不足原因
		溢流阀/卸载阀失灵	检修或更换溢流阀/卸载阀
2	乳化液泵流量下降或脉冲严重 , 工作无规律	吸液管密封不好	拧紧管接头或更换吸液管
		供液过滤器阻塞或供液不足	清洗过滤器 , 处理供液不足原因
		乳化液泵的某一吸液阀或排液阀因为异物卡住	清洗阀体 , 先清洗吸液阀后清洗排液阀
		乳化液泵的某一吸液阀或排液阀损坏 、 弹簧断裂	更换吸液阀或排液阀 、 弹簧

序号	故障现象	故障原因	处理方法
2	乳化液泵流量下降或脉冲严重，工作无规律	乳化液泵的某一缸柱塞密封件失效，泄漏严重	取下缸套，更换密封件
		溢流阀/卸载阀失灵	检修或更换溢流阀/卸载阀
		乳化液泵内产生空气	排空空气
		蓄能器充气压力过高或过低	充气压力应为工作压力的60%～70%
		系统中漏液严重	检查高压部分有无漏液、窜液现象
3	乳化液泵压力突然升高（超过额定工作压力）	溢流阀/卸载阀失灵	检修或更换溢流阀/卸载阀
		安全阀失灵	检查或调整安全阀
		乳化液泵及系统有其他故障	排除故障
4	压力表指针剧烈波动	吸液管漏液	拧紧管接头或更换吸液管
		溢流阀/卸载阀失灵	检修或更换溢流阀/卸载阀
		蓄能器充气压力过高或过低	充气压力应为工作压力的60%～70%
5	柱塞密封处泄漏严重	柱塞密封圈严重磨损	更换密封圈
		柱塞表面严重划伤	更换柱塞
		缸套内压紧弹簧断裂	更换压紧弹簧
6	乳化液泵的润滑油漏损严重	滑块密封损坏	更换滑块密封
		骨架油封损坏	更换骨架油封
		箱体其他部位漏油	处理漏油处
		润滑油过多	观察油标，放油至合适位置
7	乳化液泵的箱体温升过快或温度过高	乳化液泵放置不平	调整乳化液泵位置
		连杆轴瓦损坏	更换连杆轴瓦或重新刮瓦
		曲轴轴颈磨损	修磨曲轴轴颈
		润滑油不足或太脏	清洗油池并更换新油
		润滑油过多	观察油标，放油至合适位置
		曲轴偏向一侧	调整曲轴

续表

序号	故障现象	故障原因	处理方法
8	乳化液泵运转声音不正常，运动机构有撞击声	连杆轴瓦磨损，间隙过大	更换连杆轴瓦
		运动零部件松动	调整松动零部件
		齿轮轴或齿轮损坏	更换齿轮轴或齿轮
9	卸载阀动作次数过多或失灵	O 形圈磨损（液流短路）	清洗卸载阀，更换密封圈
		由于异物导致主阀内单向阀芯、主阀阀芯不动作	拆开主阀，检查并清洗
		主阀内单向阀芯、阀座损坏	研磨或更换密封带
		由于异物导致先导阀杆不发生动作	清洗先导阀，更换密封圈
		先导控制阀芯、阀座损坏	研磨或更换密封带
		工作面用液设备密封性能差，而使大量液体流失	更换密封件
10	乳化液配液浓度不当	配液阀调整不当	调整配液阀
		进水压力过低	按配比要求进行人工配液

■ 3.4　液压支架运行经验总结

液压支架的使用必须满足综采工作面地质条件要求。超出相应地质条件的使用，不作为液压支架性能考核指标。每一种型号的液压支架都有相应的运行条件要求。现以 ZY6400/14/32 型掩护式液压支架为例，总结液压支架运行的一些经验。

3.4.1　液压支架运行适用条件

1）液压支架应满足使用单位所提供的地质条件要求。超出相应地质条件的使用，仅供在非常地质条件下的矿压观测，以及由于其他工作环境变化所造成的负面影响的探索、分析、研究等的参考，不作为液压支架性能考核指标。

2）液压支架的主要技术参数和配套关系，若未经专家组和设备生产企业技术人员的分析、讨论、论证及认可等，则不得随意更改。

3）当液压支架使用在极限结构高度，包括最低结构高度加 100 mm 的位置，以及最高结构高度减 100 mm 的位置时，其运行时间不得超过下次周期来压的判定时间。

4）当液压支架的及时支护机构（如护帮机构、伸缩机构等）作为顶梁使用时，其运行时间不得超过下次周期来压的判定时间，以免损坏相关零部件。

5）液压支架在使用过程中，当工作面的倾角 ≥15°时，必须采取相应的防倒、防滑措施；若发生倒架或下滑，必须采取相应措施，及时调整处理。

6）液压支架在综采工作面不推进的时间，不得超过下次周期来压的判定时间，以确保液压支架的正常工作，防止周期来压压死液压支架。

7）在液压支架搬家倒面时，其支护高度不得小于最低结构高度加 400 mm 的位置，否则必须采取其他可行的辅助支护方式，以确保液压支架顺利搬家倒面和防止压死。

3.4.2 液压支架主要零部件的工作温度

1）主要结构件的工作温度为 −50 ~ 50 ℃。

2）立柱、千斤顶、阀类和管路等工作温度为 10 ~ 50 ℃。

3.4.3 液压支架主要零部件的防护等级

液压支架各零部件必须在工作温度范围内进行工作、运输、储存，外环境低于工作温度，则必须在液压系统内加注适合本地区的防冻液。

3.4.4 液压支架液压系统传动介质

1）液压支架液压系统采用的传动介质为乳化液，其成分由 5% 的乳化油和 95% 的中硬以下水组成。

2）乳化油必须满足《液压支架用乳化油、浓缩液及其高含水液压液》（MT/T 76—2011）标准规定。乳化油按对水质硬度的适应性，有四种牌号（见表 3 - 12）。

表 3 - 12 根据水质硬度选取乳化液牌号

牌号	M - 5	M - 10	M - 15	M - T
适应水质硬度/ （meq · L^{-1}①）	≤5	5 < 水质硬度≤10	10 < 水质硬度≤15	>15

3）配制液压支架用乳化液的水质应符合下列条件。

①无色、无臭、无悬浮物和机械杂质。

②pH 值为 6 ~ 9。

③氯离子含量不大于 5.7 meq/L。

④硫酸根离子含量不大于 8.3 meq/L。

4）乳化液 pH 值为 7.5 ~ 9。

3.4.5 液压支架立柱、千斤顶的镀层工作环境

1）工作温度为 10 ~ 50 ℃。

2）空气湿度不大于 99%。

3）空气中水质应符合配制液压支架用乳化液的水质条件。

4）不得有人为损坏镀层的现象，包括磕碰伤、放炮崩伤等。

3.4.6 液压支架液压元件的使用条件

1）立柱、千斤顶、阀类等液压元件，经修复后，必须进行密封性能试验。

2）安全阀使用条件如下。

①新的安全阀或经修复再次利用的安全阀，在安装使用前，必须进行密封性能试验，并按图纸要求的"调定压力值"进行准确调定。

②液压支架下井使用 1 个季度，或在下井前放置半年以上，在作业前必须对其上的安全阀进行密封性能试验，并按图纸要求的"调定压力值"进行准确调定。

3）过滤器（包括乳化液箱）必须每月清洗一次。

---

① 现用物质的量浓度表示，单位为 mmol/L。

3.4.7　液压支架的安全措施

为了保证煤矿井下综采工作面的安全生产，液压支架应有如下安全措施。

1）操作液压支架和上岗前，必须非常认真地学习设备的《使用维护说明书》，并经相应的技术培训、试岗、考核、考评等程序，才可上岗。

2）在具体操作过程中，不得随意提高或降低安全阀的调定压力值。

3）不得非法操作液压支架或无证上岗。

4）在未分析清楚液压支架故障原因之前，不得随意处理故障。

5）在处理液压系统故障时，不得带压操作，必须先停机，再卸压，然后关闭截止阀。

6）在处理液压系统故障后，必须严格检查装配是否准确，固定件是否紧固。

7）液压支架的起吊、上下井运输、搬家倒面运输等，所用工具和固定方式必须可靠、安全、匹配。

3.4.8　其他要求和规范

其他未编入的要求和规范，以《煤矿安全规程》2022 版的规定，以及经专家确认后的使用单位相关规定为准。

■ 3.5　液压支架修理工艺

液压支架大修一般是由专业修理单位负责。

3.5.1　大修液压支架应具备条件

修理单位必须有相应的质量保证体系，资质要齐全。

修理单位必须具备必要的检修场地、检修设施、试验手段和检测手段。

工作液的温度应为 10～50 ℃；供液管道应采用 120 目/in① 或相当于

---

① 1 in = 2.54 cm。

0.125 mm的过滤器进行过滤，并设有磁过滤装置。

阀类的检修工作应在清洁的专用工作室内进行，拆卸、检修后的零件应加以遮盖。

检验用仪器、仪表与计量的精度和量程应与设备相适应，在采用直读式压力表时，其量程应为试验压力的 140% ~ 200%。

对于标准件、外购件，修理单位必须验证其煤安标志、合格证书及使用说明书；各零部件铭牌应注明产品名称、产品型号、出厂编号、出厂日期、制造厂名。外购件、外协件的外观质量、几何尺寸应符合图纸要求。

外购件入厂抽检要求如下。千斤顶或立柱进厂按每批量的 3% 但不少于 3 根抽样，检验其密封性能。各类阀进厂按每批量的 2% 但不少于 5 件抽样，检验各个阀的性能。胶管进厂按每批量的 5% 但不少于 5 件抽样，检验其密封性能。

修理单位的最低执行标准如下：

阀的压力、流量参数、连接形式及尺寸应符合 MT 419—1995 的标准要求；

立柱及其重要零部件应符合 MT 313—1992 的标准要求；

千斤顶及其重要零部件应符合 MT 97—1992 的标准要求；

胶管应符合 MT/T 98—2006 的标准要求；

传动介质应符合《液压支架用乳化油、浓缩液及其高含水液压液》（MT/T 76—2011）的标准要求，乳化液是用乳化油与中性软水按 5∶95 质量比配制而成。

修理单位部分设备及车间包括数控火焰切割机、机器人切割工作站、大型双面数控镗铣床、倾斜式立柱拆柱机、恒温无尘液压阀试验车间及各种试验设备，分别如图 3 - 26 ~ 图 3 - 31 所示。

图 3 - 26　数控火焰切割机

图 3 - 27　机器人切割工作站

图 3 - 28　大型双面数控镗铣床

图 3 - 29　倾斜式立柱拆柱机

图 3 - 30　恒温无尘液压阀试验车间

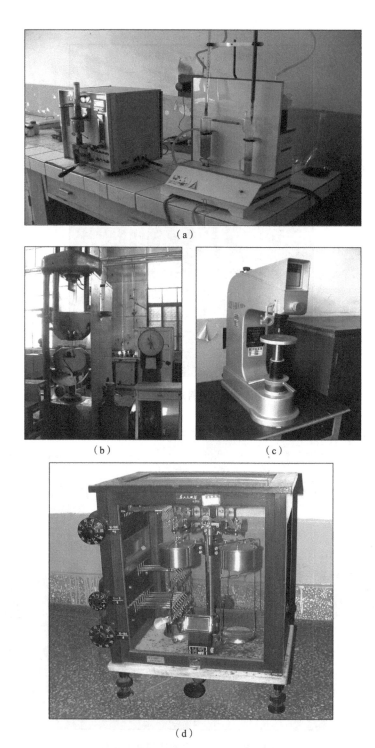

（a）

（b）　　　　　　　　　（c）

（d）

图 3 - 31　试验设备

3.5.2　修理单位清点验收

待修液压支架运入修理单位后，由技术人员对其进行初步检验，如有必要，可通知矿方人员共同进行。

（1）整架检验

1）液压支架编号。由于液压支架原编号不容易看到，因此，要用数字重新对液压支架进行编号，在拆解后再与原编号对应。

2）检查结构件。检查顶梁、掩护梁、前/后连杆、底座、顶梁侧护板、掩护梁侧护板及其他结构件是否有损坏或丢失。

3）检查销轴、导杆等。初步检查铰接孔销轴、侧护板导杆、弹簧筒是否有缺损，由于其质量状况无法界定，因此，其数量的统计工作要在液压支架拆解完之后进行。

4）检查油缸。检查立柱、千斤顶是否有缺损或报废。

5）检查液压元件（需修复再使用的）。检查各种操纵阀、截止阀、安全阀、配液阀、过滤器、压力表是否有损坏或丢失。

（2）缺损初步统计

1）统计待修液压支架数量，核对与计划数量是否相符。

2）根据待修液压支架的编号，对每架支架进行缺损件统计。

3）初步统计出全部待修液压支架缺损件的数量。

4）绘制缺损件图纸。

3.5.3　液压支架整架解体

（1）操作要求

液压支架在整架解体前必须进行冲洗。拆解的结构件上的煤尘、煤矸、煤泥、油泥等必须清理彻底。

顶梁、底座、前梁、尾梁、推移框架等结构件经冲洗后外表应无煤矸，经除锈后应无浮锈、浮漆。

立柱、千斤顶、阀、胶管等液压元件经冲洗、除锈后，外表应无煤矸、浮锈、浮漆、油垢。

整架解体应采用专用工具、按技术要求进行；各部件应全部解体至不可拆卸的最基本零件。

对各类液压部件禁止采用不规范的工艺强行拆卸和摔碰；立柱、千斤顶应在缩回状态下进行拆卸，分类装筐。

液压元件必须和结构件完全分离，立柱、千斤顶、阀不得带有胶管和弯头，在拆解胶管、弯头时，应把 U 形卡全部打出，再拔出胶管，不能从管接头处用破坏性方法取出，以免损伤管接头处的接触面，更不能将管接头留在立柱、千斤顶接头座内。

从液压支架上拆解下来的立柱、千斤顶，须将活塞杆全部收回，防止在转运过程中碰伤活塞杆。拆解后的液压元件，如阀、活塞杆、缸等应存放在木质或专用衬垫上。

对各类销轴、螺栓应用工具拆卸，直径在 50 mm 以上的销轴原则上不允许气割破坏，若销轴变形较大，需要进行破坏性拆除，则必须经技术人员同意后才能进行。尺寸较大的铰接轴，如果拆解困难，则可以优先气割挡销座；当其余部位需气割时，严禁割伤结构件本体。

销轴孔内折断的开口销必须取出；导杆、弹簧筒孔内折断的销子必须取出。

各结构件上不得有无用的铁丝及非液压支架零部件。方销、螺栓断头、结构件上的 U 形卡（如推移缸单槽销 U 形卡）、架体上的铁丝等杂物必须彻底拆除。

解体后的液压支架结构件、连接件、液压元件应分类放入集装箱架，或排放整齐。

（2）检验要求

1）每拆解完一架液压支架要进行交检，先由车间人员自检，再由技术人员进行复检，并签字确认。

2）质检人员对报废、需修复、合格的零部件分别用红、黄、绿漆进行标识，红漆为报废件，黄漆为可修复件，绿漆为合格件，标注的位置在零部件端部。

3）检验完的零部件要分类存放，结构件转冲洗区，合格的直属件分类摆放在货架上，报废件集中放在废品区。

（3）缺损件统计

1）技术人员根据各自工作单位制定的《液压支架拆解检修记录》，统计缺损件的数量。

2）绘制缺损件图纸。

3.5.4　结构件的冲洗、抛丸及除锈

（1）操作要求

1）在冲洗时，要将结构件表面及内部的煤尘、煤矸、煤泥、油泥等彻底冲洗干净。

2）在冲洗后，结构件内部不允许有水。

3）在抛丸前，要将结构件上的铰接轴孔及其他孔用工具堵住，防止在抛丸时铁砂进入结构件内部。

4）抛丸完毕的结构件，表面要露出金属本色。

5）抛丸完毕的结构件，要将销轴孔及其他孔隙内的铁砂清理干净。

6）当结构件表面死角或盲区内有锈斑、起皮或其他杂物时，必须进行手工清除。

7）在手工除锈时，先用铁铲将表面的锈皮清理干净，再用磨光机将其表面打磨一遍。

8）除锈后的结构件要注意防潮、防水，防止二次生锈。

（2）检验要求

冲洗、抛丸后的结构件要由操作人员自检并签字，之后再交由质检人员检验，不合格的返工处理，合格的签字确认。

3.5.5　结构件的修复

（1）修复标准

1）若结构件目测无明显变形、开裂、缺肉等缺陷，则可修复并继续使用。

2）若结构件已产生经确认可修复的变形或损坏，则可修复后继续使用。

3）若结构件变形及损坏严重，且经确认无修复价值，则按报废件处理。

（2）修复尺寸要求

1）平面结构件修复尺寸要求如下。

①顶梁、掩护梁、前梁、底座等具有较大平面的结构件，在任意一尺寸上的

最大变形不得超过1%。

②结构件平面上出现的凹坑面积不得超过100 cm²，深度不得超过20 mm。

③结构件平面上出现的凸起面积不得超过100 cm²，高度不得超过10 mm。

④结构件平面上的凸、凹点，每平方米不得超过两处。

⑤顶梁、底座上的柱窝如出现影响支撑强度的损伤，则在修复时整体更换柱窝。

⑥在主体结构件整形，需更换承重力较大的筋板、耳板时，要制订可靠的修复工艺，并在修复后作强度校验。

2）侧护板

①侧护板侧面与上平面的垂直度不得超过3%。顶梁活动侧护板上平面不得高于顶梁上平面。

②复位弹簧塑性变形不得大于5%。

③活动侧护板在整形后，应伸缩灵活，若锁住活动侧护板，则活动侧护板与顶梁整体宽度应小于设计宽度上限。

3）推移框架杆

推移框架杆（或推拉梁）的直线度不得超过5‰。推移框架杆两端连接处经修复后，不得降低整体强度；当导向座有损伤时，应整体更换导向座。

4）孔

铰接孔修复尺寸要求：最大支撑高度小于4.5 m或工作阻力小于5 000 kN的液压支架，其顶梁、掩护梁、底座、连杆铰接孔直径允许比图纸尺寸超差1 mm；最大支撑高度大于4.5 m或工作阻力大于5 000 kN（含）的液压支架，其顶梁、掩护梁、底座、连杆铰接孔直径允许比图纸尺寸超差0.5 mm。

连接孔修复尺寸要求：小连接孔直径允许比图纸尺寸超差2 mm。

5）配合规定

底座、顶梁、掩护梁、铰接销轴、四连杆与销孔配合后的最大间隙应小于1.5 mm；支撑高度大于4.5 m的液压支架，其四连杆各铰接点配合间隙应不大于1.0 mm；各结构件总横向间隙不得超过10 mm。柱窝、柱帽不允许出现影响支撑强度的损伤。

结构件焊接焊缝不允许出现裂纹，以及集中、密集的气孔。凡经焊接修复的结构件，其焊缝应符合《液压支架结构件制造技术条件》（MT/T 587—2011）的标准要求。液压支架改造及整形用材料应与液压支架本体相符。

3.5.6　检修人员操作重点

1）按照图纸要求，统一标准，补齐液压支架缺损的管环、吊环、阀座、销座、挡矸板等小件。

2）原有的小件若锈蚀、变形严重，则更换新件；若只是轻微锈蚀、变形，则进行整形操作。

3）变形的结构件可通过压力机或火焰法进行整形。

4）对结构件上存在的缺陷进行焊补，若需气割坡口，则坡口尺寸不小于板厚的 3/4。

5）需气割整形、修复的部位，在气割后必须将氧化渣清理干净，气割处打磨平整。

6）若柱窝、柱帽出现影响支撑强度的损伤，则须更换新柱窝、柱帽。

7）对超差的铰接孔、连接孔要补焊后重新镗孔；对损坏严重、无法修复的耳板孔，需割除原件并更换新件。

8）新件加工须按原件形状、尺寸、材料及板厚下料拼焊，保证符合使用要求。

3.5.7　结构件焊接工艺重点

（1）操作要求

1）焊缝的焊接须严格按照《焊接作业指导书》进行。

2）所有焊接部位要牢固、可靠，不允许有焊接缺陷。

3）凡是经焊接修复的结构件，所用材料应不低于原有材料，修复后的结构件强度应符合原设计质量标准要求。

4）更换新件时，一定要将气割旧件后的位置修磨、清理干净，修磨平整到原母材，以保证焊接质量。

5）在补焊铰接孔时，先用内磨机将铰接孔内的锈层清理干净，看见金属光泽后再进行补焊；焊接时采用 50 焊丝。

6）结构件所使用的钢板、钢管、焊丝、焊条等原材料应按照相关规定进行外观尺寸、材质分析、力学性能等检验。严禁使用牌号不明、未经检验验收的材料。

7）焊接所使用的焊丝、焊条应按母材强度条件选择。

8）焊缝处应预先清除氧化皮、油、油漆等表面污垢，才可进行正常对接。

9）焊接后，溶渣、溅粒等均应清除干净。

某修理单位对液压支架结构件焊接有关技术参数如下。

1）不同钢板所用焊丝如下。Q690 钢板采用 80 焊丝；Q550 钢板采用 70 焊丝；Q460 钢板采用 60 焊丝；Q345、Q235 钢板采用 50 焊丝。

2）液压支架结构件采用二氧化碳气体保护焊进行焊接操作，且只能在室内无风处进行。焊接电流为 350～380 A，最大不得超过 400 A。焊接电压为 36～38 V。

3）对可焊性较差的材料如 Q550、Q690 等钢板，在焊接前须按照工艺预热到规定温度后及时焊接，以减小变形和内应力。在焊接完成后再按照工艺进行去应力热处理。

4）补焊铰接孔，应采用 50 焊丝。

（2）检验要求

1）结构件上所焊小件要齐全，所用小件的尺寸、位置符合图纸要求。

2）焊缝焊接符合要求，无焊接缺陷。

3）结构件表面要清洁，不能有焊渣、溅粒、气割氧化渣等。

4）结构件外观无缺肉、变形等缺陷。

5）加工后的铰接孔、连接孔的尺寸符合要求，镗孔由焊接操作人员自检，质检人员以全检方式进行检查，并在单据上签字。

6）检修后的结构件，检修人员自检，质检人员以全检方式进行检查，并在单据上签字。

（3）焊接缺陷示意图

用肉眼或 5 倍放大镜进行焊缝外观检验。焊缝应宽度均匀，不允许有严重咬边（大于 0.5 mm）、焊瘤、烧穿、未焊透、未熔合、裂纹、夹渣和气孔等缺陷。如有缺陷，则须铲除后重焊或补焊，并再次检查直至确认合格。各种缺陷示意图，例如，焊缝高低不平、宽度不均匀，焊缝过高或过低，咬边，焊瘤，未熔合，未焊透，烧穿分别如图 3 - 32 ～图 3 - 38 所示。

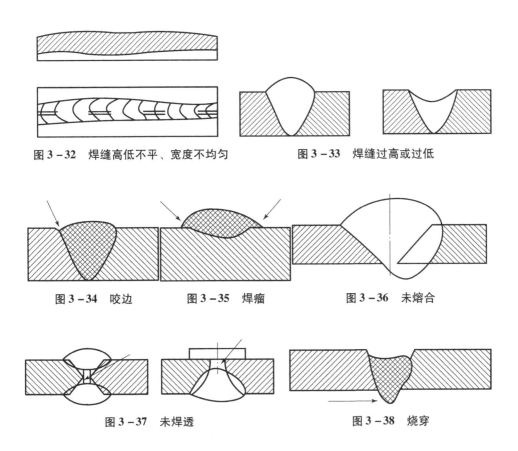

图 3 - 32　焊缝高低不平、宽度不均匀　　　　图 3 - 33　焊缝过高或过低

图 3 - 34　咬边　　　　图 3 - 35　焊瘤　　　　图 3 - 36　未熔合

图 3 - 37　未焊透　　　　　　　图 3 - 38　烧穿

当焊角大于 10 mm 或坡口深度大于 12 mm 时，应采用多层多道焊的焊接方法，如图 3 - 39 所示。

图 3 - 39　多层多道焊

焊接时严禁使用下坡焊，如图 3 - 40 所示。焊接后，焊件应做焊工标记。

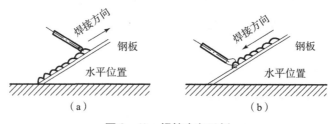

图 3 – 40   焊接方向示例
(a) 正确示例；(b) 错误示例

顶梁、掩护梁、底座、四连杆、前梁等结构件完成焊接后，不得矫正。

（4）焊接工艺重点

1）下料要求如下。

①经目测钢板表面不能有气泡、结疤、重皮等缺陷。锈蚀严重部位应处理干净。

②下料首检应在工件冷却下来后，按照图样要求测量数据。若有加工余量部位或复杂件，则按照液压支架技术要求或工艺执行。同时做首检记录。首检应不少于2件。

③工件坡口按图样要求测量。外露坡口，如侧护板、护帮板等要平直光滑，尺寸大小、角度符合图纸要求。主筋贴板、箱体盖板的坡口不能小于图纸要求。

④更换材料必须填写代料单。

⑤切割表面偏斜度、剪切面垂直度公差按技术要求执行。

切割表面偏斜度 μ 的取值见表 3 – 13。

表 3 – 13   切割表面偏斜度 μ 的取值   mm

项目	简图	类别	板厚 t			
			$t \leq 25$	$25 < t \leq 40$	$40 < t \leq 60$	$60 < t \leq 100$
切割表面偏斜度 μ		机械切割	0.50	1.00	1.50	2.00
		手工气割	1.00	1.40	1.80	2.20

剪切面垂直度公差 t_1 的取值见表 3 – 14。

表 3 - 14 剪切面垂直度公差 t_1 的取值 mm

板厚 t	简图	垂直度公差 t_1
$t \leqslant 16$		0.40
$16 < t \leqslant 25$		1.00

2）组件要求如下。

①如车间 3 个组加工同一个零部件，则须做 3 个首检记录。

②所有板件在下料后必须进行调平、矫正、去除氧化皮等操作。

③结构件顶板与主筋等筋板采用无间隙拼装，并且保证最大局部间隙不得大于 2 mm。

④各工件不合格的焊道、焊缝，应先返修并处理好再施焊。

⑤坡口处焊角、焊道尺寸要符合图纸要求，若不合格，则应先返修并处理好再转下道工序施焊。

⑥按图纸尺寸以基准线测量各零部件尺寸，与其他零部件交接处允许留焊后变形尺寸。

⑦检查柱窝、柱帽是否与两主筋板距离相等，其间隙不得超过 2 mm；柱窝、柱帽与顶板、底板的贴实面必须达到 80% 以上。此外，还应检查柱窝、柱帽是否有热处理要求。

⑧检查底座内主筋板上的推移顶支撑尺寸是否符合图纸要求。

3）盖板前施焊检验要求如下。

①使用焊缝检验尺或样板检查焊缝的几何形状与尺寸，焊缝外形应均匀，焊道与焊道及焊道与金属之间应过渡平滑。角焊、坡口焊、塞焊要符合图纸要求。若发现焊缝缝大坡口小、画有标识，则不得施焊。应去掉焊道氧化皮。

②高强度母材的焊接按工艺要求进行预热，温度为 $100 \sim 150 \, ℃$。最低施焊温度不能低于 $80 \, ℃$。

③顶梁、掩护梁、底座、后连杆等结构件的主筋与顶板之间的焊角尺寸必须达到图纸要求，且不得有缺陷。

4）压弯件检验要求如下。

①压弯件尺寸应符合图纸要求。

②检查弧板、弯板表面质量是否符合要求，压弯成形处不得有裂纹，表面压痕过深的需修复。

③压弯加热成形的压弯件不得有过烧现象。

④对于压弯困难的压弯件，需保留工艺压头。

5）盖板检验要求如下。

①检查封板坡口，焊角尺寸应符合图纸要求。若不符合，则画好标识并返修。复验合格后方可转下道工序施焊。

②各铰接工件，与相关的弧板、盖板、立板等之间的铰接尺寸应符合图纸要求。

注意：包容件尺寸取正偏差，被包容件取负偏差。

③当盖板不平时，不准用强力（如打楔子的方法）消除拼装盖板的过大间隙，以免由于存在应力而发生焊接后裂纹。盖板应调平后再进行拼装。盖板拼装间隙不得偏向一侧。

6）盖板施焊检验要求如下。

①封板外观、角焊、坡口焊各尺寸不能小于图纸要求，不能有缺陷。

②检查顶梁盖板、弧板、弯板与主筋、柱窝之间的焊道尺寸是否达到图纸要求。

③检查掩护梁盖板、弧板、弯板、耳板等与主筋之间的焊道尺寸是否达到图纸要求。

④检查底座盖板、弧板、弯板与主筋、柱窝之间的焊道尺寸是否达到图纸要求。

⑤检查前、后连杆盖板，弯板与主筋之间的焊道尺寸是否达到图纸要求。

⑥若发现焊道成形不好、有裂纹、未熔合、气孔（50 mm 内不少于 4 个），则应清除焊缝，重新施焊，并画好标识，进行复验。对夹渣、焊角偏、咬肉等缺陷进行处理、补焊。严禁使用夹芯焊接。

3.5.8 重点零部件机加工工艺要求

1）镗结构件主筋套筒过孔，其加工工艺及检验要注意以下原则。

①孔中心高度的尺寸精度一般控制在 ±1 mm 范围内。

②外主筋孔（起定位作用孔）应严格按照图纸要求加工，保证孔中心距和圆孔直径尺寸精度。

③内主筋孔须保证中心距，但孔直径允许在图纸要求的基础上放大 0.5 ~ 1.0 mm，在加工工艺中已放大的除外。

2）镗侧护板与侧护板连接座孔，其加工工艺及检验要注意以下原则。

①孔中心高度的尺寸精度一般控制在 ±1 mm 范围内。

②孔直径尺寸应严格按照图纸要求加工。如果过大，则铆工在拼装连接座时，固定座起不到定位作用；如果过小，则固定座无法进行拼焊。

③保证各孔中心距符合图纸要求。

3）结构件的铰接孔必须整体镗，表面粗糙度必须达到图纸要求，对同轴度检验的常规方法如下。

①首先，检验轴的强度和尺寸必须符合图纸要求，轴的直径按孔的直径进行加工，最大下偏差为 -0.3 mm。

②其次，保证检验轴顺利通过各铰接孔。对于四孔同轴度的让步接受标准，是保证检验轴可通过左、右三孔。

③底座与连杆、连杆与掩护梁的铰接孔应保证孔直径误差为 0 ~ 0.35 mm，同轴度为 ϕ1 mm。

4）镗主筋装配孔时，孔中心允许外移 2 ~ 3 mm，即孔的位置尺寸 A 偏差应取正值，如图 3 -41 所示。

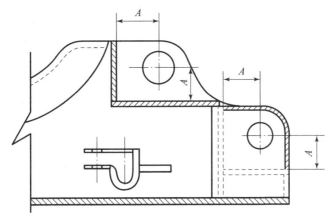

图 3 -41　镗主筋装配孔时，孔的位置尺寸 A 示意

5）在刀检主筋底面时，若在数控下料时火焰过大，则可能造成主筋底面局部刀检量很小，甚至没有。在刀检时，如果能保证主筋底面面积有 2/3 以上见光，则可认定为合格品。

6）钻底座主筋板上用于固定立柱的销孔时，如果销轴为压迫缸底式，则销孔中心高度尺寸应取正偏差，即 2 ~ 3 mm，这样有利于立柱安装，如图 3 – 42 所示。

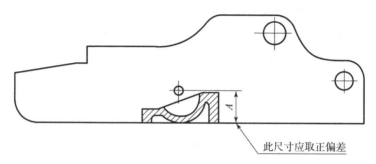

图 3 – 42 钻底座主筋板上用于固定立柱的销孔时，销孔中心高度示意

7）结构件上用于锁紧侧护板的销孔，在钻孔及检验时注意如下 3 点。

①孔应过套筒最高点和最低点，不能出现偏心。

②防止套筒最低点孔没有钻透，如图 3 – 43 所示。

③严格控制左、右孔的中心距，并保证左右对称，如图 3 – 44 所示。

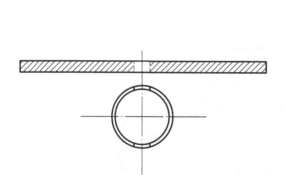

图 3 – 43 套筒最低点孔应钻透

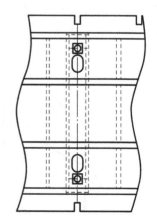

图 3 – 44 严格控制左、右孔的 中心距，并保证左右对称

8）钻侧推千斤顶的进、回液孔时，应注意孔不要偏离套筒最高点。

9）加工柱窝应注意如下 3 点。

①以窝心为中心左右对称刀检两侧面。

②以底面 80% 面积见光为准刀检柱窝底面。

③窝心到底面距离尺寸取负偏差。

3.5.9　结构件修复检验

（1）一般要求

按图纸及相关要求检验各结构件尺寸，应符合要求。重点检验结构件与其他件铰接部位的尺寸，原则上应符合图纸要求，但可根据实测情况具体判定（如包容件允许稍大、被包容件允许稍小）。若发现尺寸差、组装困难或没有互换性的零件，必须返修。检查是否缺件，以及各小件的位置、方向是否正确。以上检验数据需做好记录，发现问题及时上报。此外，还需注意检验以下几个方面。

①结构件表面及套筒内壁不得存在焊渣、焊瘤、溅粒和氧化铁等杂物。

②检查各装配部位是否存在去除支撑后遗留下的焊点及其他凸出物。

③采用仿导杆长轴检查各套筒是否存在焊漏和挠曲变形。

④采用方销检查各挡销座方孔内是否存在焊瘤、溅粒等。

⑤检查各部位焊缝是否存在气孔、偏心、咬边、裂纹、弧坑、夹渣等焊接缺陷和漏焊等现象，尤其注意主筋、盖板、耳板、柱窝等主要部位焊缝。

（2）具体结构件尺寸具体检验部位

1）顶梁尺寸重点检验部位如图 3 - 45 所示。

顶梁尺寸重点检验部位如下。

①与前梁铰接部位尺寸：A_3、D_1、C、R_2、N_2。

②与掩护梁铰接部位尺寸：B_1、B_2、A_2、D_2、C、R_1、N_1。

③与前梁顶或护帮顶铰接部位尺寸：G_1、G_2、F_4、E_2、R_4、N_4。

④与平衡顶铰接部位尺寸：F_3、E_1、R_3、N_3。

⑤其余部位尺寸：H、F_1、F_2、F_5、A_1。

⑥其余图 3 - 45 中未标注的尺寸。

2）底座尺寸重点检验部位如图 3 - 46 所示。

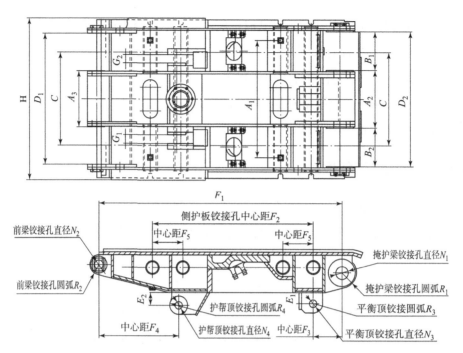

图 3 – 45　顶梁尺寸重点检验部位

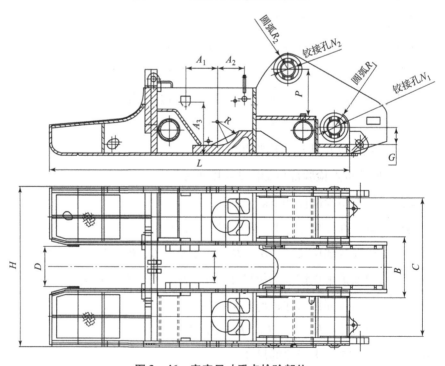

图 3 – 46　底座尺寸重点检验部位

底座尺寸重点检验部位如下。

①与前、后连杆铰接部位尺寸：B、C、N_1、N_2、R_1、R_2、G、P。

②其余部位尺寸：D、H、L、A_1、A_2、A_3、R。

③其余图 3 – 46 中未标识的尺寸，如与推移顶铰接部位尺寸、与抬架顶铰接部位尺寸（耳板间距、孔直径、滑道等）、与底调顶铰接部位尺寸等，应按照图纸进行测量。

3）掩护梁尺寸重点检验部位如图 3 – 47 所示。

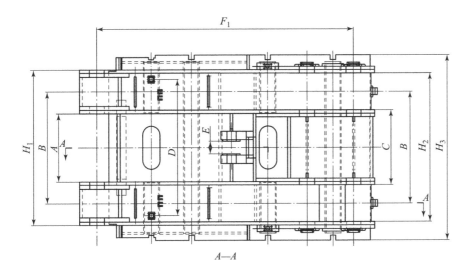

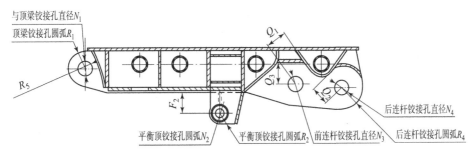

图 3 – 47　掩护梁尺寸重点检验部位

掩护梁尺寸重点检验部位如下。

①与顶梁铰接部位尺寸：A、H_1、N_1、R_1、R_5。

②与平衡顶铰接部位尺寸：E、N_2、R_2。

③与后连杆交接部位尺寸：N_4、R_4、Q_2、C、H_2。

④与前连杆铰接部位尺寸：N_3、Q_1、Q_3、C、H_2。

⑤其余部位尺寸：D、H_3、F_1、F_2。

⑥其余图 3 – 47 中未标注的尺寸。

4）前梁尺寸重点检验部位如图 3 – 48 所示。

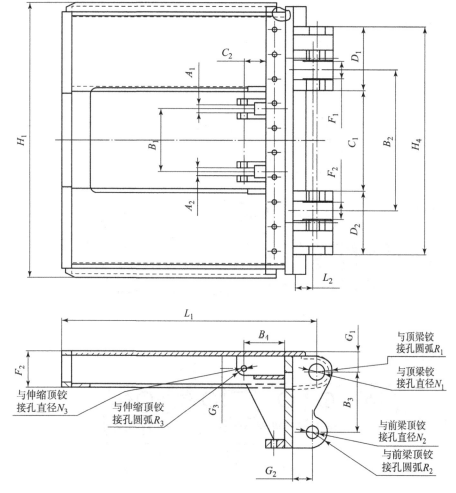

图 3 – 48　前梁尺寸重点检验部位

前梁尺寸重点检验部位如下。

①与顶梁接部位尺寸：D_1、D_2、C_1、H_4、G_1、R_1、N_1、L_2。

②与前梁顶铰接部位尺寸：R_2、N_2、B_2、G_2。

③与伸缩顶交接部位尺寸：H_1、A_1、A_2、B_1、B_4、C_2、G_3、R_3、N_3。

④其余部位尺寸：L_1、B_3。

⑤其余图 3 - 48 中未注明的尺寸。

5）伸缩梁尺寸重点检验部位如图 3 - 49 所示。

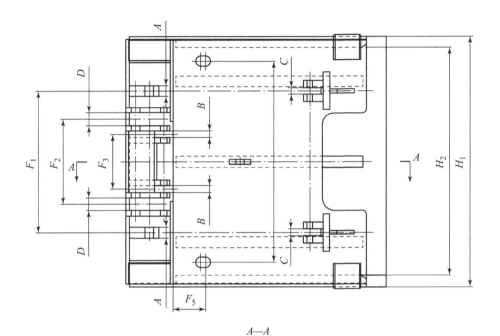

图 3 - 49　伸缩梁尺寸重点检验部位

伸缩梁尺寸重点检验部位如下。

①与前梁铰接部位尺寸：H_2、B、F_3、E_4。

②与伸缩顶铰接部位尺寸：F_2、N_1、R_1、E_2。

③与护帮顶铰接部位尺寸：C、N_3、R_3。

④与长杆铰接部位尺寸：F_1、A、N_2、R_2、E_1。

⑤其余部位尺寸：H_1、F_5、F_6、F_7、F_8、F_9、L。

⑥其余图3–49中未标注的尺寸。

6）护帮板尺寸重点检验部位如图3–50所示。

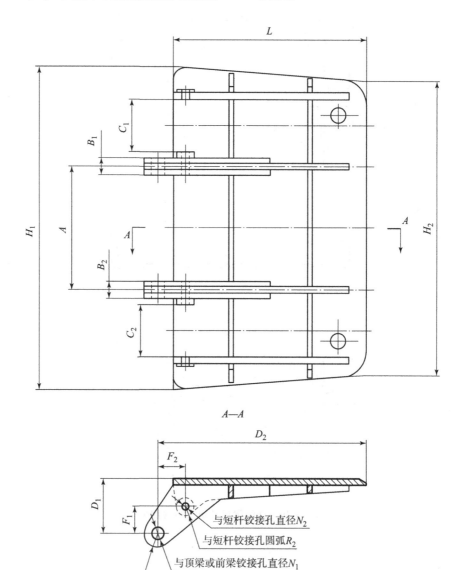

图3–50　护帮板尺寸重点检验部位

护帮板尺寸重点检验部位尺寸如下。

①与顶梁或前梁铰接部位尺寸：A、B_1、B_2、N_1、R_1。

②与短杆铰接部位尺寸：N_2、R_2、C_1、C_2。

③其余部位尺寸：H_1、H_2、L、D_1、D_2、F_1、F_2。

④其余图 3 – 50 中未标注的尺寸。

7）后连杆尺寸重点检验部位如图 3 – 51 所示。

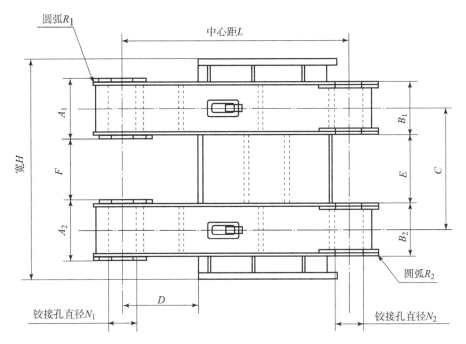

图 3 – 51 后连杆尺寸重点检验部位

后连杆尺寸重点检验部位如下。

①与底座铰接部位尺寸：A_1、A_2、F、N_1、R_1。

②与掩护梁铰接部位尺寸：B_1、B_2、E、N_2、R_2。

③后连杆总宽 H、中心距 L、D。

④其余图 3 – 51 中未标注的尺寸。

8）掩护梁侧护板尺寸重点检验部位如图 3 – 52 所示。

掩护梁侧护板尺寸重点检验部位如下。

①各铰接孔部位尺寸：N_1、N_2、A_1、A_2、A_3、B。

②其余部位尺寸：L、H_1、H_2、C。

③其余图 3 – 52 中未标注的尺寸。

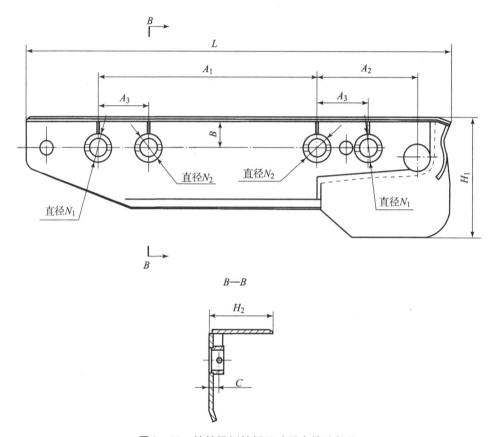

图 3 – 52　掩护梁侧护板尺寸重点检验部位

9）推移杆尺寸重点检验部位如图 3 – 53 所示。

推移杆尺寸重点检验部位如下。

①与溜子铰接部位尺寸：A、B、H_1、N。

②与底座及推移顶交接部位尺寸：C、D、E、F、G、K、H_2、H_3、H_4、L_1、L_2、H_5、R。

③其余图 3 – 53 中未标注的尺寸。

10）底调梁尺寸重点检验部位如图 3 – 54 所示。

底调梁尺寸重点检验部位如下。

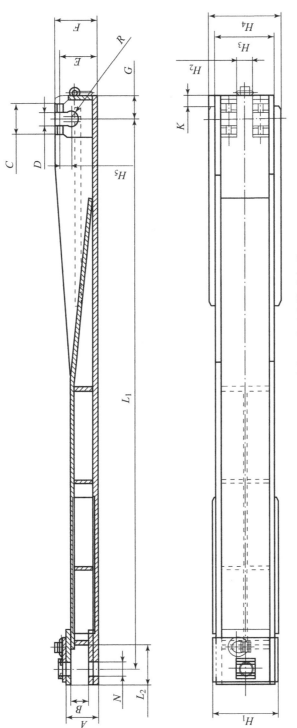

图3-53　推移杆尺寸重点检验部位

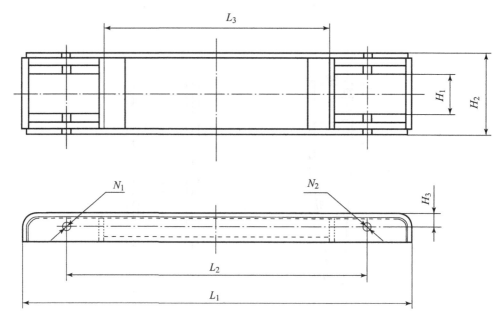

图 3 - 54　底调梁尺寸重点检验部位

①与底调顶铰接部位尺寸：H_1、H_2、N_1、N_2、L_2。

②其余部位尺寸：L_1、L_2、L_3。

3.5.10　立柱和千斤顶的修复

（1）一般修复要求

1）活塞杆的表面粗糙度不得大于 $Ra\ 0.8\ \mu m$，缸体内孔的表面粗糙度不得大于 $Ra\ 0.4\ \mu m$。

2）立柱活柱的直线度不得大于 1‰，千斤顶活塞杆的直线度不得大于 2‰。

3）各类型缸体不得弯曲变形，内孔的直线度不得大于 5‰。若缸孔直径需扩大，则其圆度、圆柱度均不得大于公称尺寸的 2‰。

4）缸体不得有裂纹，缸体端部的螺纹、环形槽或其他连接部位必须完整。管接头不得有变形。

5）缸体非配合表面应无毛刺，划伤深度不得大于 1 mm，磨损、撞伤面积不得大于 2 cm^2。

6）其他配合尺寸应能保证互换组装要求。

7）立柱、千斤顶与密封圈相配合的表面有下列缺陷时允许使用油石修整。

①轴向划痕深度小于 0.2 mm，长度小于 50 mm。

②径向划痕深度小于 0.3 mm，长度小于圆周的 1/3。

③轻微擦伤面积小于 50 mm²。

④同一圆周上划痕不多于 2 条，擦伤不多于 2 处。

⑤镀层出现轻微锈斑，整件不多于 3 处，每处面积不大于 25 cm²。

8）活塞杆、缸体修复后，涂层符合相应技术规范，修复后活塞杆、缸体与密封件无化学反应。

9）采用底阀的双伸缩立柱在检修时要更换底阀。

（2）具体零部件修复要求

1）缸筒修复要求如下。

①因报废而补制新件的外缸筒，其新件应按 MT 313—1992 及 MT 97—1992 中的规定要求制作。

②需修复的外缸（中缸）内孔全部进行研磨处理，研磨后的表面粗糙度不得大于 Ra 0.4 μm，研磨后的尺寸应达到设备图纸所要求的公差标准，内孔不允许有斑坑、锈蚀及划痕。

③缸体不得出现弯曲变形，内孔的直线度不得大于 0.05%，圆度、圆柱度均不得大于 0.2%。

④对缸筒止口允许进行抛光处理，抛光后仍有锈蚀的部位采用激光熔覆工艺恢复图纸要求尺寸；采用车削工艺恢复密封带图纸要求尺寸。

⑤所有修复的立柱、千斤顶，其接头座、通液管等缸体小件全部换新。

⑥修复缸口涨簧沟槽并清理干净，不得利用焊接方式固定涨簧卡。

⑦修复通过螺纹连接的部位，不得碰伤、损坏螺纹，否则要进行修复。

⑧对可修复的缸体外表面进行喷丸处理，外缸外表面不能有明显缺肉、大的锈坑等缺陷。

2）活塞杆类（中缸）修复要求如下。

①因报废而补制新件的活塞杆（中缸），其新件应按 MT 313—1992 及 MT 97—1992 中的规定要求制作。

②外表面镀层全部退镀，若尺寸公差超出使用标准密封要求，则应采用激光熔覆工艺恢复图纸要求尺寸；若损坏严重，已无维修价值，则报废并补制新件。

③双伸缩立柱的底阀孔要进行抛光处理，抛光后仍有锈蚀的部位采用激光熔覆工艺恢复图纸要求尺寸。

④双伸缩立柱的小柱螺纹接头孔不得有损伤、锈蚀，否则需在补焊后，反向钻孔修复。

⑤立柱活柱直线度不得大于 0.1%，千斤顶活塞杆的直线度不得大于 0.2%，若弯曲严重，则报废并补制新件。

⑥若销轴孔直径磨损超过 2 mm，则需补焊后修复至图纸要求尺寸。

3）底阀修复要求如下。

①采用底阀的双伸缩立柱，底阀应全部更换，且为不锈钢材料。

②调整开启压力：当立柱大缸缸内径小于 200 mm 时，开启压力不得低于 4 MPa；当立柱大缸缸内径大于 200 mm（含 200 mm）时，开启压力不得低于 7.5 MPa。

③当底阀开启时，不得出现哨音和振动。

4）各种小件修复要求如下。

①各小件要清洗干净，经检验、维修后，若不合格、无法修复，则报废并补制新件。

②密封槽、密封带处不得有碰伤、拉伤、锈蚀等缺陷，螺纹要完好。

③导向套、挡套表面应镀锌。

3.5.11 电镀要求

（1）技术要求

1）活塞杆（中缸）在修复后，应全部采用锡青铜打底及镀硬铬工艺进行重新电镀。

2）镀层厚度为 0.05~0.07 mm，表面粗糙度不得大于 $Ra\,0.4\;\mu m$，不允许进行二次修补；镀铬层不允许有磕碰、划痕、划伤、锈斑、起泡，凹凸不平等缺陷。

3）附件、小件修复镀锌，镀锌层厚度为 0.008 ~ 0.015 mm。

（2）镀层参数要求

1）复合镀层厚度：铜锡合金 20 ~ 30 μm；硬铬 30 ~ 40 μm；乳化铬 30 ~ 50 μm。

2）单一镀层厚度：铜锡合金 35 ~ 75 μm；铬 50 ~ 70 μm；锌 8 ~ 5 μm。

3）镀层硬度为硬铬（复合）不小于 800 HV；乳化铬不小于 500 HV；单一镀层不小于 700 HV。

4）结合强度要求：镀层不得出现起皮、脱落或起泡现象。

5）镀层外观质量要求：抛光后的镀层颜色应为稍带浅蓝色的亮灰色；镀层结晶应细致、均匀。

6）不允许的缺陷：镀层表面粗糙，出现颗粒、烧焦、裂纹、起泡、脱落等现象；存在树枝状结晶、密集的麻点；局部无镀层或暴露中间层。

7）允许的缺陷：在倒角处有不影响装配的粗糙部位；由于基体金属缺陷的砂眼，以及在电镀工艺过程中出现的麻点、针孔，其直径应不大于 0.2 mm，数量应不多于 15 点/dm²；焊缝处镀层发暗；因焊接允许的缺陷引起的镀层缺陷；在活塞行程以外部位的两端圆周上，允许有轻度的擦伤和碰伤，但其深度不应超过 0.8 mm，且镀层完整不脱落；退刀槽表面的镀层质量不作考核。

8）镀层外观质量检验方法：在天然散射光线或无反射光的白色透射光线下，其光照度不低于 300 lx（相当于被检面放在距离 400 W 日光灯 50 mm 的光照度，距被检表面 300 mm，以 45°方向用目测法进行观测）。如无法清晰观测，则可用 3 ~ 5 倍放大镜进行鉴别。

3.5.12　清洁度要求

1）在装配时，一定将缸筒内壁、杆类、各种小件冲洗并清理干净，以保证装配后的清洁度。

2）清洁度用目测、触摸的方式检测：目测表面无锈斑、污物、其他杂质等；

用手触摸表面清洁、无杂质。在条件允许的情况下，进行杂质称重，参照
MT 97—1992 中的规定要求。

3）对试验合格的产品进行抽检，如抽检三次均不合格，则判此批次产品不
合格，应全部拆解并重新清理。

3.5.13　装配及外观要求

1）装配前，各零部件要清理干净。

2）螺纹连接处要涂螺纹防锈油脂。

3）在装配时，要仔细检查密封件有无老化、压痕、咬边等缺陷，并严格
注意密封圈在沟槽内有无挤出和撕裂等情况，如有以上情况，则应更换密
封圈。

4）装配完毕后，应将液压支架收缩至最短位置。

5）装配完毕后，在供液口处塞入防尘塑料堵头，将其封严。

6）外表面喷（涂）大红色漆防腐，漆层要均匀，不得有起皮、脱落现象。

7）双伸缩立柱必须配齐螺纹接头，接头应具有互换性，不得利用焊接的
方式固定螺纹接头；同一批立柱，接口螺纹可能不同，但管接口尺寸必须
统一。

3.5.14　立柱和千斤顶出厂检验及试验项目要求

产品必须进行出厂检验，经检验合格后才可出厂，并且在出厂时要附带出厂
检验报告。

出厂检验试验条件：试验所用传动介质为 MT/T 76—2011 中所规定的乳化油
与中硬以下水按 5∶95 质量比配制成的乳化液，工作液的温度应保持在 10 ～
50 ℃。为保证试验时传动介质的清洁，必须在供液管道上加 120 目/in 或相当于
0.125 mm 的过滤器。

立柱经过拆解、检修和装配后，要进行空载行程试验、最低启动压力试
验、密封性能试验、强度试验，试验方法及性能要求参照 MT 313—1992 的相
关规定。

（1）空载行程试验

立柱在空载状态下，全行程往复动作 3 次，其速度不大于 200 mm/min。活塞杆伸缩长度应符合图纸要求，不允许有外渗漏、涩滞、爬行等现象。

（2）最低启动压力试验

立柱在空载状态下，逐渐升压，分别测定各级缸活塞腔和活塞杆腔的启动压力（均为无背压状态）。活塞腔启动压力不得大于 3.5 MPa；使小缸内保持额定泵压，当小缸中部通过大缸缸口导向套时，测定大缸活塞杆腔的启动压力，活塞杆腔的启动压力不得大于 7.5 MPa。

（3）密封性能试验

1）活塞杆腔密封性能试验。立柱缩至最小高度，各活塞杆腔分别在 1 MPa 和 110% 额定泵压下稳压 5 min，其中一根稳压 4 h，要求在相同温度下，压力不得出现下降和渗漏。

2）活塞腔密封性能试验。立柱升至最大行程的 2/3，进行轴向加载，对大缸活塞腔分别在 1 MPa 和 110% 额定工作压力下稳压 5 min，其中一根稳压 4 h，要求在相同温度下压力不得出现下降和渗漏。

（4）强度试验（抽检）

1）立柱升至最大行程，以额定工作压力的 150% 轴向加载，持续 5 min，不得产生永久变形和破坏。

2）立柱升至最大行程，活塞腔内加压至额定泵压的 125%，持续 5 min，导向套与活塞限位机构不得产生永久变形和破坏。

3）立柱升至最大行程，在柱头和缸体同侧偏心 30 mm 的位置以 110% 额定工作压力轴向加载，持续 5 min，不得产生永久变形和破坏。

4）立柱升至最大行程，垂直轴预加额定初撑力，以 15 kN·m 的落锤能量冲击柱头 2 次，不得产生永久变形和破坏。

5）立柱升至最大行程的 2/3，以 200% 的额定工作压力轴向加载，持续 5 min，活塞和缸底永久变形不得大于 0.5 mm。

千斤顶经过拆解、检修和装配后，要进行空载行程试验、最低启动压力试验、密封性能试验、强度试验，试验方法及性能要求参照 MT 97—1992 的相关规定。千斤顶试验方法除强度试验中的第 3 条及第 4 条以外，其余与立柱试验方法相同，立柱、千斤顶在检修完毕后，缸筒外壁涂大红色面漆以区分是否经过了检修。

3.5.15 立柱和千斤顶的缸口结构

在修复立柱、千斤顶时，首先要熟悉立柱、千斤顶的缸口结构，并根据缸口结构形式，做好拆解工作。

液压支架用的立柱、千斤顶缸口结构由于与导向套连接方式的不同大致分为方钢丝、卡环（三半环）和螺纹三种形式。

方钢丝式立柱缸口结构如图 3 – 55 所示。

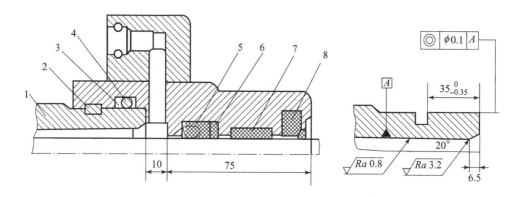

图 3 – 55 方钢丝式立柱缸口结构

1—导向套；2—方钢丝挡圈；3，6—挡圈；4—O 形密封圈；
5—蕾形密封圈；7—导向环；8—防尘圈

卡环式立柱缸口结构如图 3 – 56 所示。卡环式连接也称三半环式连接，其方法是将 3 个截面为矩形的半环组成 1 个环，并将其放入连接槽口内，然后放入密封圈，并压入缸盖。

螺纹式立柱缸口结构如图 3 – 57 所示。螺纹式连接方式较为简单，便于维修。导向套与缸壁之间装有 O 形密封圈和聚四氟乙烯挡圈，以便密封导向套与缸壁。导向套与活柱柱体之间装有聚甲醛导向环，以减少两者之间摩擦；此外，还装有橡胶组件蕾形密封圈和聚甲醛挡圈，最外面装有橡胶防尘圈。

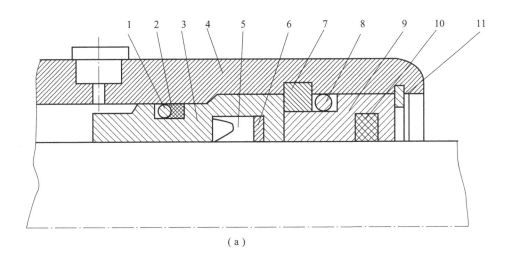

（a）

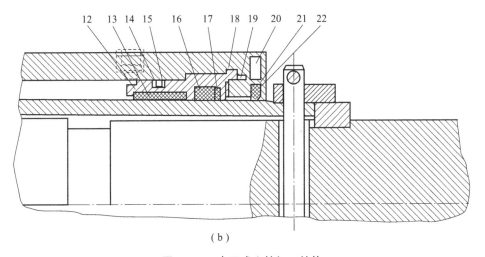

（b）

图 3 - 56 卡环式立柱缸口结构

（a）卡环式立柱缸口结构立部图；（b）卡环式立柱缸口结构平剖图

1，8—O 形密封圈；2，6—挡圈；3—导向套；4—缸体；5—蕾形密封圈；

7—卡环；9—缸盖；10—防尘圈；11—弹性挡圈；12—导向套；

13—导向环；14，19—O 形密封圈；15，17—挡圈；16—Y 形密封圈；

18—卡环；20—螺钉；21—防尘圈；22—缸盖

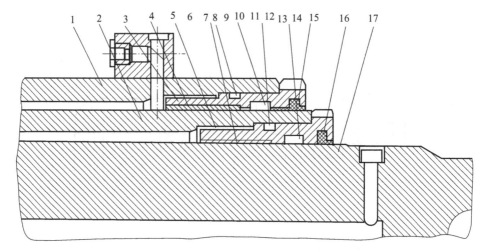

图 3 - 57　螺纹式立柱缸口结构

1——一级缸；2—二级缸；3—大导向套；4—大导向套环；5—小导向套；6—小导向环；
7，11—O 形密封圈；8，10，12，14—挡圈；9，13—蕾形密封圈；15，16—防尘圈；17—活柱

3.5.16　立柱的拆解和装配

1）缸口结构为方钢丝式，活塞结构为卡键式，带机械加长杆的单伸缩立柱（见图 3 - 58），其拆解步骤如下。

①取下销轴 15 上的开口销；取出销轴，并拆下保持套 16。

②拆下半环 17，取出机械加长杆 18。

③用扁铲打出一部分方钢丝挡圈 9，然后将其拆下。

④拆下导向套 8，依次取下导向套上的 O 形密封圈 11、O 形密封圈挡圈 10、蕾形密封圈 12、蕾形密封圆挡圈 13、防尘圈 14。

⑤抽出活柱 7，取出卡箍 3，再依次取出卡键 2、支承环 4、鼓形圈 5 和导向环 6。

其装配步骤如下。

①依次将导向环 6、鼓形圈 5、支撑环 4 及卡键 2 装入活柱 7 的活塞上，将卡箍 3 放入卡键 2 的槽口内。

②将活柱 7 装入缸体 1 内，按所在位置依次将 O 形密封圈挡圈 10、蕾形密封圈 11、蕾形密封圈挡圈 13、防尘圈 14 装入导向套 8 内（在装入时要注意蕾形圈的方向），再将导向套装入缸体上。

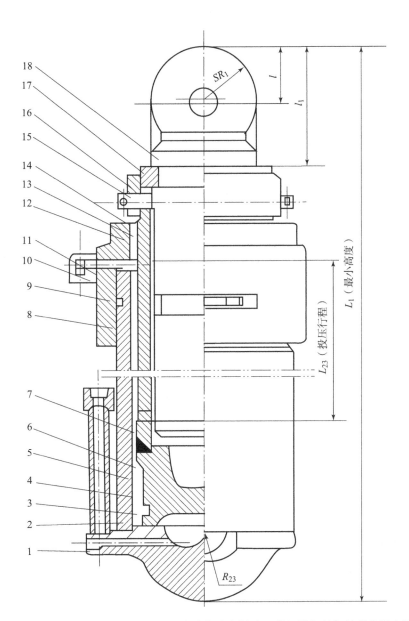

图 3-58　缸口结构为方钢丝式，活塞结构为卡键式，带机械加长杆的单伸缩立柱

1—缸体；2—卡键；3—卡箍；4—支撑环；5—鼓形圈；6—导向环；7—活柱；8—导向套；

9，10，13—挡圈；11—O 形密封圈；12—蕾形密封圈；14—防尘圈；15—销轴；

16—保持套；17—半环；18—机械加长杆

③穿入方钢丝挡圈9，将导向套固定。

④装入机械加长杆18，装入半环17。

⑤装入保持套16，装入销轴15，并用开口销固定。

2）缸口结构为卡环式，不带机械加长杆的单伸缩立柱（见图3-59），其拆解步骤如下。

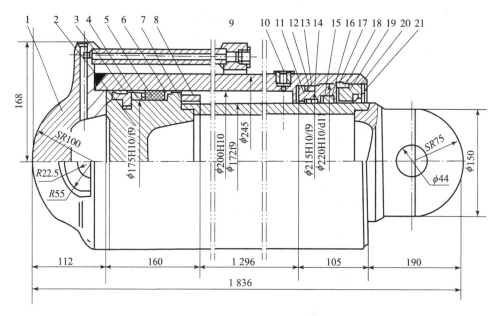

图3-59　缸口结构为卡环式，不带机械加长杆的单伸缩立柱

1—缸体；2—卡键；3—卡箍；4—支撑环；5—鼓形圈；6—导向环；7—活柱；8—距离套；
9—防尘塑料堵头；10—塑料套；11—导向套；12，18—O形密封圈；13，16—挡圈；
14—导向环；15—Y形密封圈；17—卡环；19—缸盖；20—弹簧挡圈；21—防尘圈

①取下弹簧挡圈20，取出缸盖19，然后从缸盖上取出防尘圈21。

②取出卡环17和O形密封圈18。

③从立柱下腔（活塞腔）进液，并使活柱7向外伸出一部分，然后取出导向套11。

④从导向套11上依次取下O形密封圈12、挡圈13、导向环14、Y形密封圈15、挡圈16。

⑤抽出活柱，取出卡箍3，再依次取出卡键2、支撑环4、鼓形圈5和导向环6。

装配步骤与拆解步骤相反，由后向前进行。应注意在安装 Y 形密封圈时，一定要将其两唇对准压力腔。

3）立柱装配注意事项如下。

①立柱在装配前，要用清洗剂或煤油清洗所有零部件，达到清洁度要求，然后涂以适量的油脂。

②立柱在装配过程中，应保护好密封件，不得发生损伤。

③对于密封件和挡圈应全部更换为新件，旧件不准使用。方钢丝一律换新件，不再修复使用。

3.5.17　标识、包装及运输要求

1）要有符合规定的维修标识。

2）应用托架或装箱发货，液压支架及其零部件要捆绑牢靠，避免脱落、挤压、损坏等。

3）冬季运输要在液压支架内注入防冻液。

3.5.18　直属件、阀类及管路附件的修复要求

（1）直属件的修复要求

1）铰接轴、销轴、千斤顶导杆、弹簧导杆等，直径磨损不得大于 0.5 mm，直线度不得大于 2‰，表面腐蚀应不影响外形尺寸及使用性能。

2）所有销轴螺纹孔均要用丝锥过一遍。

3）直属件表面要进行除锈直至见到金属光泽。在除锈后，销轴类直属件需进行镀锌处理，镀锌层厚度为 0.008~0.015 mm。

4）复位弹簧塑性变形不得大于 5%。

5）压块、压板等零件允许存在不影响使用的轻微磨损或变形。

6）螺栓、螺母、开口销、U 形卡等易损件无法修复，应报废并补制新件。

（2）阀类及管路附件的修复要求

1）碳钢材质的阀类及管路附件应报废并补制新件。

2）不锈钢材质的阀类及管路附件可以维修使用或更换新件（根据矿方要求）。

3）阀类修复要求。

①拆解后的阀，应对阀体表面进行除锈，内部所有零部件必须彻底清洗干净。

②阀上所用密封件应更换新件。

③阀上所用弹簧，不得有锈斑或断裂，塑性变形不得大于5%。

④阀体及各零部件不得有裂纹、撞伤或变形等缺陷。

⑤阀装配后，无论有压与无压，操纵应灵活，操纵力应符合该阀技术文件的规定。

⑥阀的定位要准确、可靠、稳定，定位指针要清晰。

⑦经修复的阀要进行灵活性试验和密封试验，要符合《煤矿机电设备检修技术规范》（MT/T 1097—2008）中的规定。

⑧安全阀压力要重新调整。

4）高压胶管全部报废并补制新件。

3.5.19 液压支架装配要求

1）装配使用的结构件、千斤顶及阀类，其规格型号要正确。

2）各结构件的管环、阀座、吊环要齐全、合格，结构件表面除锈彻底，严禁使用未检修或检修不合格的结构件组装架体。

3）液压支架整架除高压胶管及操纵阀组等不宜在喷漆前装配的零部件外，其余件要齐全、完整，安装正确。

4）使用的销轴规格要正确，严禁使用不合格的销轴；销轴孔在装配前需涂抹黄油，以便于安装销轴、防腐蚀及润滑。

5）小件使用要符合要求。

6）销轴原则上是从侧护板固定侧向活动侧安装；销轴、挡销上的各种开口销、B型销应配备齐全。

7）在装配时，若有两个千斤顶，则其接口方向要对称；若只有一个千斤顶，则其接口要朝向活动侧。

8）在装配时，立柱、千斤顶接口必须有防尘措施，若需拆除防尘塑料堵头，则必须在收回千斤顶后立即将防尘塑料堵头再次堵好。

9）各种液压元件及立柱、千斤顶在现场存放时不允许落地，并摆放整齐。

10）严禁在装配过程中碰伤胶管、阀类及立柱、千斤顶的镀层。

3.5.20　液压支架喷漆要求

1）装配后不便喷漆的零部件及无法喷漆的部位，均应在装配前完成喷漆工作。

2）喷漆前，应检查液压支架各结构件表面是否干净，除锈、修磨是否彻底，是否有焊瘤、焊渣、溅粒等，外观质量达不到要求的不得进行喷漆作业。

3）喷漆前，应将各类千斤顶的活杆伸出部位、阀件、胶管等用薄膜覆盖完好，避免喷涂到其表面。如果喷到表面，则应及时用稀料擦除干净。

4）喷漆前需用高压气流吹一遍液压支架表面，防止在喷漆时因灰尘较多而影响漆面质量。

5）结构件外露表面如有凹坑、划痕等，应修补后再进行喷漆。

6）面漆的涂膜应光滑平整、均匀一致，无流挂、漏涂、气泡、橘皮及黏附物杂质等缺陷。漆层不能过薄，防止露底，也不能过厚，防止起皮。

7）若立柱、千斤顶表面涂层颜色不同，则要统一成规定的颜色（大红色）。

8）在漆层未干透前，应妥善防护，避免落水、灰、砂及其他脏物，待漆层干透后再进行胶管布置。

9）喷漆完毕后，将液压支架吊至液压系统布置区，架间间距为 0.8～1 m，排列整齐，高度一致。在吊运过程中，若划伤侧护板漆层，应立即进行补漆。

10）在进行装配、试验、调整时，如将漆层碰伤，应将碰伤的漆层除掉，并用相同的油漆补涂。

3.5.21　液压系统布置要求

1）按照液压支架液压系统图纸，将胶管布置整齐、美观，不得随意交叉，严格按照样架路线进行布置。

2）阀类、胶管、管路附件及其他小件等严格按原要求的规格型号进行使用，严禁用其他型号代替。

3）所有阀类、胶管、管路附件等在使用现场不准落地，并摆放整齐，其上的防尘塑料堵头应齐全。

4）在管路连接前，不能去掉封口的防尘塑料堵头，临时连接的管路，防尘塑料堵头应做到即用即堵，避免杂物进入液压系统。

5）拆下的防尘塑料堵头、塑料袋等杂物应及时收集，定点存放，保持现场整洁。

6）各类阀座、固定阀件的螺栓均应牢固可靠，不允许有松动。

7）操纵阀从上到下的顺序，进、回液口的位置，应按照矿方或技术协议要求执行，不得随意更改。

8）双向锁安全阀的位置按统一要求布置，不得随意更改。

9）各类阀的接口不得混用，必须按照阀体上的原理图准确对应控制口、进液口、出液口。

10）U形卡必须安装到位；固定高压胶管的U形卡应双腿插入销孔内，不得单腿插入；U形卡规格要正确，严禁使用变形、容易脱落、过短的U形卡。

11）U形卡安装方向要统一，原则上要从前向后，从上向下安装。

12）胶管及管路附件在安装O形密封圈和挡圈时，O形密封圈和挡圈的前、后位置不能反置（O形密封圈在承压一侧），挡圈切口必须用专用工具切割为斜口。

13）管接头与接头座的配合要符合相关规定，在装配时应按顺序插入，不要强行打入，要求在无压状态下用手转动胶管，胶管可自由旋转。

3.5.22 液压支架出厂检验标准

（1）外观质量

1）液压支架的零部件和管路系统应按图纸规定的位置安装，连接可靠，排列整齐、美观，各接头开口处有防尘帽。

2）液压支架上应安装有明显表示各种动作操作的指示标牌。

3）液压支架各部分应清洁、整齐，无杂物，胶管开口端头应有防尘帽。

4）液压支架外表应喷漆，漆层均匀，无漏涂、起泡、脱皮、裂纹等缺陷，且漆层下不得有锈渣或其他未清理的杂层。

5）液压支架最小高度与最大高度的偏差为±50 mm，最小宽度与最大宽度

的偏差为 ± 25 mm。

（2）操作性能

1）试验用工作液为采用乳化油与中硬以下水按 5：95 质量比配制而成的乳化液，工作液的温度应保持在 10 ~ 50 ℃。

2）用泵站供液，使立柱及各千斤顶全行程动作 3 次，各部位动作应准确、灵活、平稳、无阻滞、憋卡和噪声。

3）各运动部件应操作方便，动作准确、灵活，且无滞涩、憋卡、干涉等现象。

4）在额定供液压力与流量下，液压支架完成降柱、移架、升柱动作的循环时间应满足设计要求。

5）用一个阀操作两个及两个以上立柱或千斤顶时，被操作的液压缸应基本同步，不得因不同步而出现憋卡或损坏连接件等现象。

（3）密封性能

1）立柱的活柱外伸至最大行程的 2/3 处，自然状态下放置 16 h，活柱回缩量不得大于 2 mm（排除温度变化的影响）。

2）千斤顶活塞杆外伸至全行程的 2/3 处，自然状态下放置 16 h，活塞杆回缩量不得大于 2 mm（排除温度变化的影响）。

3）在额定供液压力下，按液压支架规定动作操作，各液压元件不得出现外渗漏现象。

4）支架分别升到最高位置和距离最低位置 150 mm 处，停止供液，保持5 min，各部位不得有渗漏，支架不得出现下降。

（4）其他规定

1）在试验液压支架时，必须通过过滤器给液压支架供液，保证供液清洁。

2）冬季液压支架试验合格后，必须加注防冻液。

3）液压支架在出厂前，所有敞口处必须用防尘塑料堵头封堵。

4）检验合格的液压支架，要降到最低位置，便于运输。

5）液压支架试验完毕后，由质检人员出具出厂检验报告。

■ 3.6　激光熔覆工艺

对于需要由激光熔覆工艺进行修复的立柱和千斤顶，应有激光熔覆要求、检测方法、检验规则、储存与运输要求等。

委托方需要明确激光熔覆工艺的基本要求，以及激光熔覆时应具备的尺寸、形位公差等数据。当无图纸等技术资料且技术协议中又无法明确给定时，可由承接方或委托方对立柱和千斤顶进行测量或测绘，提出具体技术要求，经双方协商同意后，签字认定。应记录的基本资料如下：入厂检验记录，包括熔覆前尺寸；出厂检验报告，包括熔覆后尺寸、表面粗糙度、硬度。

（1）操作要求

1）在激光熔覆前，应对工件进行清理，去除油、锈等杂质。

2）在激光熔覆过程中，激光设备应满足立柱和千斤顶激光熔覆工艺要求，选择低能耗、高效率、光源质量稳定的光纤激光器，并根据激光波长及输出功率（辐射功率）或输出能量（辐射能量）等选择防护用具。

（2）质量要求

1）激光熔覆工艺应考虑立柱和千斤顶基体材料、合金粉末成分、设备功率、激光光斑直径等因素，选择耐腐蚀、耐磨损材料，并经试验确定后，应保证熔覆层与基件材料之间达到冶金结合。

2）熔覆层。

①熔覆层表面应平整，无裂纹、结合不牢等缺陷，经机械加工后表面粗糙度应满足立柱和千斤顶技术协议要求。

②熔覆层单层厚度应为 $1.0 \sim 1.5$ mm。

③熔覆层气孔不多于 5 个/dm^2，且气孔直径不得大于 0.2 mm。

④熔覆层内孔平均硬度不得小于 30 HRC，外表面平均硬度不得小于 50 HRC。

⑤熔覆层耐蚀性应满足中性盐雾试验 1 800 h，8 级及以上标准，也可以根据立柱和千斤顶技术协议另行确定。

（3）检测要求

1）熔覆区尺寸和形位公差参照 GB/T 19067.1—2003 和 GB/T 1958—2017 中的相关规定要求。

2）表面粗糙度采用粗糙度测量仪测量，结果应符合立柱和千斤顶技术协议要求。

3）通过目测检测外观表面，应符合熔覆层气孔不多于 5 个/dm^2，且气孔直径不得大于 0.2 mm 的要求。

4）表面硬度采用超声硬度计检测，应符合熔覆层内孔平均硬度不得小于 30 HRC，外表面平均硬度不得小于 50 HRC 的要求。

5）耐蚀性检测要求如下。

①样块无法直接从激光熔覆件表面切取，因此，应制作样块。样块制作应尽可能还原激光熔覆件的情况，即样块材料应与基本材料相同，激光熔覆材料、激光熔覆设备、激光熔覆工艺参数也应相同。

②耐蚀性试验应参照 GB/T 10125—2021 中的相关规定要求来评价熔覆层的耐蚀性，当基体材料、激光熔覆材料、激光熔覆设备、激光熔覆工艺参数固定时，应提前评价，其结果应满足中性盐雾试验 1 800 h，8 级及以上标准，也可以根据技术协议另行确定。

6）出厂检验项目包括尺寸、形位公差、表面粗糙度、表面硬度。

7）立柱和千斤顶应逐件按照图纸和技术协议的要求进行检验。如检验不合格，则允许返修；返修后应再次提交进行逐项检验，经检验合格后才可出厂。

■ 3.7　液压支架再制造工艺

液压支架再制造是指针对因超限服役而导致老化，或性能已经淘汰，但主体结构件仍具备修复价值的闲置老旧液压支架，以高于常规大修理标准对其进行修复，以及对原液压支架存在的问题进行技术改造升级，以达到恢复原有性能，并对部分性能予以提升的目的。

液压支架再制造工艺须严格遵循《煤矿机电设备检修技术规范》（MT/T 1097—2008）及国家、行业设备制造、检验相关标准。再制造资金投入一般不应超过设备市场实时售价的 40% ~ 60%。

液压支架再制造在原则上应返回原主机制造厂或具备主机设计、制造能力的生产厂，对主要结构件按照原设计标准采取先进修复工艺予以修复；对相关零部件、易损件全部换新，以保证设备性能。液压支架再制造后质量高于常规大修理后质量。以下是液压支架再制造的一些注意事项。

3.7.1 拆解

根据液压支架的装配图纸及使用说明书要求，按由上到下、由外及内的拆解顺序，将液压支架拆解到最小不可拆卸零件。需要敲击拆解的零件（如销轴），须垫以木质垫块或软金属物，用铜锤进行敲击，不可直接用钢制榔头击打零件进行拆解。

锈蚀严重、敲击无法拆卸的零部件，经技术人员鉴定认可后，可进行破坏性拆解，同时应尽量避免值较高、制造难度较大的零部件受到影响。

对精度要求较高的零件，要放入专用的工位器具内，以备清洗。

根据图纸对在拆解过程中发现的零部件缺失与损坏情况进行记录与标识。

3.7.2 清洗、除锈

对结构件表面进行高压水冲洗后，进行喷砂（抛丸）除锈，除锈等级应达到 Sa2.5 级。对缸体表面进行喷砂（抛丸）除锈，除锈等级应达到 Sa2.5 级。对导向套、活塞等盘套件、内进液活塞杆内孔、双伸缩立柱活柱内孔进行清洗除锈。对符合要求的销轴、铰接轴、导杆、连接杆酸洗除锈后重新电镀。对符合要求的压块、压板、挡销板、弹簧等直属件进行喷砂（抛丸）除锈，除锈等级应达到 Sa2.5 级，最后喷漆进行防腐处理。

3.7.3 零部件更新

在液压支架再制造过程中，以下零部件应采用更新件：

1）手动操纵阀、单向锁、双向锁、立柱控制阀、截止阀、喷水阀、底阀等液压阀类；

2）电液控系统中的位移传感器、电缆；

3）高压胶管;

4）U 形卡、弯头、三通、中间接头、螺纹接头等管路附件;

5）密封件;

6）螺栓、开口销、挡销、挡圈等连接紧固件。

在液压支架再制造过程中以下零部件建议采用更新件:

1）电液控主阀、控制器、电源、隔离耦合器、倾角传感器、压力传感器、摄像仪等;

2）直径 50 mm 以下的销轴。

3.7.4 结构件再制造

1）检测结构件各部位,若变形损坏,则进行修复,若无法修复,则更换新件;检测结构件焊缝,若焊缝有缺陷或裂纹,则进行修复;对顶梁、掩护梁、底座、前连杆、后连杆的盖板及坡口焊缝进行超声波探伤,达到二级标准为合格,若不合格,则进行修复,焊缝应符合 MT/T 587—2011 的规定;检测顶梁、掩护梁、前梁、底座、侧护板、护帮板等结构件,在任一尺寸上的最大变形不得超过 1%,若超差,则进行修复,若无法修复,则更换新件;检测结构件平面上出现凹坑面积不得超过 100 cm²,深度不得超过 20 mm,结构件平面上出现凸起面积不得超过 100 cm²,高度不得超过 10 mm,结构件平面上的凸、凹点,每平方米不超过两处,若超过要求,则进行修复;检测侧护板侧面与上平面的垂直度不得超过 3%,若超差,则进行修复;检测推移框架的直线度不得超过 0.5%,若超差,则进行矫正修复,若无法修复,则更换新件;检测顶梁、掩护梁、底座、连杆的铰接孔,若不符合图纸要求,则进行增材后整体镗孔修复。

2）顶梁、底座上的柱窝如出现影响支撑强度的损伤,则在修复时整体更换柱窝;在主体结构整形,需更换承重力较大的筋板、耳板时,要制订可靠的修复工艺,并在修复后做强度校验;活动侧护板在整形后,应伸缩灵活,若锁住活动侧护板,则活动侧护板与顶梁整体宽度应小于设计宽度上限。

3）推移框架两端连接处经修复后,不得降低整体强度,当导向座有损伤时,应整体更换导向座;各结构件总横向间隙不得超过 10 mm;检测限位块、挡块、挂块、胶管卡等的变形与缺失情况,若不符合要求,则更换新件;凡经焊接修复的结构件，其焊缝应符合 MT/T 587—2011 的标准要求，支架改造及修复用材料应不低于原液压支架结构材料。

3.7.5　立柱、千斤顶再制造

1）检测缸体外观不得有损坏，若有轻微损伤，则进行修复，若不能修复，则更换新件。

2）检测缸筒内孔及密封面止口，若不符合图纸要求，则进行增材修复。

3）检测缸筒内螺纹，若有效螺纹损伤超过 10%，则更换新件。

4）立柱及千斤顶的接头座、通液管应更换新件。

5）检测中缸底阀孔密封面，若不符合图纸要求，则进行培植修复。

6）对中缸、活柱、活塞杆原镀层区段外表面进行全部退镀，再重新电镀，或采用激光熔覆等其他表面处理工艺修复，若无法达到图纸要求，则更换新件。

7）检测中缸、活塞柱塞密封槽及密封面，若不符合图纸要求，则进行增材修复，若无法修复，则更换新件。

8）检测导向套、活塞密封槽及密封面，若不符合图纸要求，则进行增材修复，若无法修复，则更换新件；检测螺纹损伤情况，若有螺纹损伤超过 10%，则更换新件。

9）检测卡环、半环、压盘、外卡键、支撑环、挡圈等内部零件，若不符合图纸要求，则更换新件。

10）检测内进液活柱、活塞杆螺纹接头孔，若不符合图纸要求，则应进行修复。

11）对双伸缩立柱的活柱柱管应切开后进行除锈。

12）中缸、活柱、活塞杆的镀层区段表面粗糙度 Ra 不得大于 0.4 μm，缸体内孔的表面粗糙度 Ra 不得大于 0.4 μm。

13）缸体不得有裂纹，缸体端部的卡环槽或其他连接部位必须完整。

14）缸体非配合表面应无毛刺，划伤深度不得大于 1 mm，磨损、撞伤面积不得大于 2 cm^2。其他配合尺寸应能保证互换组装要求。

15）立柱千斤顶试验应参照《煤矿用液压支架 第 2 部分：立柱和千斤顶技术条件》（GB 25974.2—2010）相关要求进行。

3.7.6 直属件再制造

1）液压检测销轴、铰接轴、导杆、连接杆的尺寸及表面磨损、锈蚀情况，若直径磨损超差 0.5 mm 以上或锈蚀严重，则更换新件；若直径磨损超差 0.5 mm 以下，且直线度在 2‰ 以内，表面锈蚀不影响整体尺寸，则允许使用。

2）液压检测弹簧变形损坏情况，若塑性变形超过 5%，则更换新件。

3）检测压块、压板、挡销板、连接头等外观及损伤情况，对损伤部位进行修复，若无法修复，则更换新件。

3.7.7 液压支架出厂试验

参照《煤矿用液压支架 第 1 部分：通用技术条件》（GB 25974.1—2010）相关要求进行出厂试验。

3.7.8 标志

液压支架的标志应符合 GB 25974.1—2010 第 7.1 条的规定，产品标牌应标识再制造。

第 4 章
液压支架电液控制系统的使用、修理经验与研究

■ 4.1 液压支架电液控制系统的发展

在煤矿综采工作面设备中，电液控制系统对液压支架的支护、推进的控制，是煤矿控制现代化的重要要求，也是大幅度提升综采工作面自动化、智能化控制水平的必经之路。

在应用电液控制系统之前，液压支架采用手动操纵阀的控制方式，经历了本架手动控制、邻架手动控制、邻架液压先导控制的发展过程，手动控制方式的改进主要集中在控制的安全保障上，没有涉及控制质量和控制效率的提高。

液压支架电液控制系统，是采用控制器、传感器和液压主阀替代手动操作阀，控制液压支架动作，保障对工作面顶板和煤壁的支护质量，提高综采工作面的推进速度。随着电液控制系统在煤矿生产上的不断发展，液压支架电液控制系统已经超出了起初的控制范畴，从单纯控制液压支架，逐渐延伸到三机控制、泵站控制、采煤机等设备控制。随着网络技术的逐步发展，电液控制系统在其助力下，实现了综采工作面的自动化、智能化，实现了综采工作面设备的高效管理，以及综采工作面生产过程的优化控制。

■ 4.2 综采工作面电液控制系统控制形式

电液控制系统在综采工作面上实现分层逐级控制，其控制形式如下。

4.2.1　单个液压支架层面上的机电一体化控制

安装在单个液压支架上的控制器、传感器和主阀，构成单个液压支架的机电一体化控制系统（见图 4 - 1），完成对液压支架液压系统的控制，满足对液压支架控制的要求。

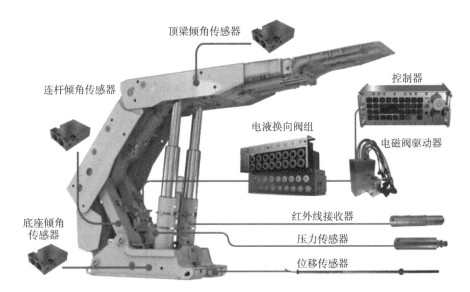

顶梁倾角传感器

控制器

连杆倾角传感器

电液换向阀组

电磁阀驱动器

底座倾角传感器

红外线接收器

压力传感器

位移传感器

图 4 - 1　某型号液压支架电液控制系统结构组成

4.2.2　综采工作面层面上的现场总线控制

综采工作面各控制器之间通过架之间的电缆连接成一个控制系统，通过总线通信技术，构成了综采工作面内包括所有液压支架的现场总线控制，可实现工作面急停、成组动作、数据传输、在线检测、故障报警等功能。

综采工作面电液控制系统和顺槽上位机相连，电液控制系统的实时数据传输给上位机，存储在上位机上，完成综采工作面内液压支架的可视化和可控化，完成跟机自动化，实现生产过程优化控制。

电液控制系统通过交换机将综采工作面内各种设备连接到集控上位机，将各设备实时和历史数据存储在集控上位机上，完成综采工作面可视化和可控化，以及各设备间的协调和控制，实现综采工作面设备的高效管理和生产过程的优化控制。

通过以上过程，最终实现综采工作面生产过程智能控制。

■ 4.3　液压支架电液控制系统的组成与操作

4.3.1　结构组成

液压支架电液控制系统由控制器、主阀、先导阀、驱动器、电源箱、中继器、耦合器、压力倾角传感器、反冲洗过滤器、红外线发射器、接收器等组成，如图 4 - 1 所示。

4.3.2　操作注意事项

各个厂家的液压支架电液控制系统都有说明书和操作指南，在操作中，要按照说明书进行操作。应注意如下事项。

1）电液控制系统是电气件与液压元件的精密组合体，使用单位应制定涵盖从安装至回收保管全过程的电液控制系统使用管理办法，成立专业使用与考核的管理小组，建立健全的电液控制系统培训制度。

2）安装人员应按照液压支架电液控制系统连接图、单架连接图和系统配置图进行安装、维护电液控制系统。

3）在安装时要注意先固定好安装架，然后安装各传感器、连接器，最后安装控制器。

4）在安装压力传感器时，一定先卸压，再安装。

5）对液压系统（含软化水保障系统）必须定期清洗过滤器、泵箱等，保证千斤顶、液压管路、阀件、连接件、泵箱等液压元件的清洁度。

6）各型千斤顶、阀件、液压管路等液压元件在液压支架装配或更换新件前要严格检验，保证供液系统在安装过程中的清洁度，确保符合电液控制系统的使用要求。

7）使用优质乳化油，乳化液配比符合标准。一般在说明书中有严格规定。

8）电液控制系统元器件禁止直接用水冲洗，在使用及安装、回收过程中做好防砸、防挤压、防污染等防护工作，防止元器件在使用过程中的非正常损坏。

4.4 保证电液控制系统完好的经验

电液控制系统与其他综采工作面设备不同的是，电液控制系统并没有一个直观的整体。如何保证电液控制系统的完好，是降低综采工作面生产成本的重要举措，尤其是在回采时，保证电液控制系统的各种线路、管路、操作零部件不受损坏是必须重点注意的事项。根据经验，平时的维护保养和损坏修理并重，是保证电液控制系统完好的重要举措。

电液控制系统维护保养，目前的经验是规范电液控制系统在拆装、运输、使用、维护、保养、储存等环节过程中的现场监督与管理，减少电液控制系统故障发生，实现智能化工作面的安全高效生产。

维护保养的内容主要包括综采工作面液压支架电液控制系统的回收与安装服务、周期性技术质量服务、运输服务、检测与保养、储存管理。以上这些服务应由专业厂家进行。

电液控制系统使用单位与专业维修厂签订服务协议、维护保养合同，双方责任根据协议确定。使用单位在专业维修厂的指导下负责本单位内的运输、拆装和使用管理，保证设备安全、完好；专业维修厂负责维护检测、维修保养、运输及储存过程中的管理、安装使用技术指导和回收拆解工作，以及到使用单位工作面进行周期性技术质量服务。具体维护保养的操作流程建议如下。

（1）回收与安装服务

在电液控制系统回收过程中，由专业维修厂提前做好技术准备工作，派符合下井操作要求的专业人员，在使用单位的密切配合下，对电液控制系统进行拆解并储存于专用储存箱内。在下一个工作面安装前，由专业维修厂按要求做好技术指导和发货工作，并负责安装技术指导工作。

（2）周期性技术质量服务

从安装使用电液控制系统的一个工作面回采结束开始至下一个工作面回采结束为一个合同期。专业维修厂派专业技术人员每月到使用单位工作面对正在使用的电液控制系统进行专业化技术指导、检修一次，并由使用单位在技术质量服务单上签字，具体服务时间双方协商确定。

（3）运输服务

回收拆解下的电液控制系统元器件装入由专业维修厂提供的专用储存箱内，用专用运输工具单独上井，之后再交接给专业维修厂运到本厂维修车间。检修完毕的电液控制系统元器件，在接到产权单位及使用单位的需求通知后，用专用储存箱送至使用单位，进行现场交接，双方在交接单上签字。

（4）检测与保养

1）维护检测：全部进行外观检查、清理，更换密封件、垫片等易损件，对主阀、先导阀等液压元件进行清洗、测试、检修，对驱动器、耦合器、传感器、电源、电缆等电器元件进行人机交互测试、通信测试等检测。

2）维修保养：全部进行外观检查、清理、修复，更换正常损坏零部件，主阀、先导阀等液压元件和驱动器、耦合器、传感器、电源、电缆等电器元件应修复至出厂性能。

（5）储存管理

电液控制系统元器件在经过维护保养、恢复性能达到标准，经验收后，由专业维修厂做好防护措施，储存在专用库房，保证电液控制系统性能稳定、可靠，储存安全。使用单位负责在本单位内的安装、拆解、运输过程中的储存安全。

（6）正常维护保养范围和非正常损坏范围的界定见表4-1。若属于正常维护保养范围，则纳入专业维修厂的承包费用；若不属于维护保养范围，则需要另外签订合同并支付修复费用。

表4-1　正常维护保养范围和非正常损坏范围的界定

序号	元器件名称	正常维护保养范围	非正常损坏范围
1	控制器	除尘、除锈、更换电池、无声（有显示）、停止按键破损，信号不稳定	明显破损
2	主阀	清洗并更换密封件、弹簧	锈蚀严重，阀芯无法拆解

续表

序号	元器件名称	正常维护保养范围	非正常损坏范围
3	先导阀	清洗并更换密封件、弹簧；检测接线口，进行检测试验	接线口磕碰脱落、变形
4	驱动器	进行检测试验、除锈；线缆磨损（可修复）	接线口变形、断线
5	电源箱	进行检测试验、清理除锈、防腐处理	内部元器件进水烧毁
6	中继器、耦合器	进行检测试验、清理除锈、防腐处理	非正常烧毁、损坏，接口变形、断针等
7	信号灯	进行检测试验、清理除锈、防腐处理	磕碰损坏
8	反冲洗过滤器	清洗，先导阀更换密封件、弹簧；检测接线口，进行检测试验	接线磕碰口脱落、变形，煤泥堵塞
9	压力、倾角传感器	进行检测试验、清理除锈、防腐处理	元件外伤损坏、断针、变形
10	本安型键盘	进行检测试验、清理除锈、防腐处理	外观明显破损
11	红外线接收器、发射器	清理、除锈、进行检测试验	严重变形、损坏
12	各型固定架、保护罩、外壳、保护板等	清理、除锈、抛光	严重变形、损坏

■ 4.5　电液控制系统各元器件修理工艺及标准

某型号单个液压支架电液控制系统结构如图 4-2 所示。以此为例，介绍各元器件修理工艺及标准。其中倾角传感器如图 4-3 所示。

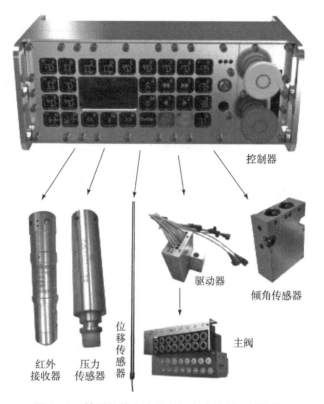

控制器

驱动器

倾角传感器

主阀

位移传感器

红外接收器   压力传感器

图 4 - 2   某型号单个液压支架电液控制系统结构

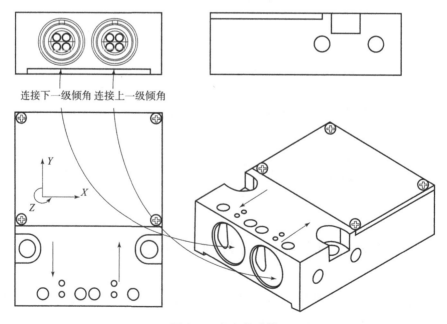

连接下一级倾角 连接上一级倾角

图 4 - 3   倾角传感器

4.5.1 主阀修理工艺及标准

主阀结构如图 4 - 4 所示。

（1）操作要求

1）主阀修理流程包括初洗、拆解、除锈、抛光、超声波精洗、检测、修复、更换消耗易损件、组装、测试、打标包装等工序。

2）主阀拆解后要求采用抛丸或打磨除锈工艺进行除锈，拆解后各零部件必须采用超声波精洗。

3）整阀组装完毕后，非防锈部位要做防锈处理，需用防尘塑料堵头堵住各端口，包括平面端口，防止灰尘进入。

4）检验设备的仪器、仪表与计量的精度和量程应与设备相适应，并满足测量 C 级精度。在采用直读式压力表测量时，其量程应为试验压力的 140% ~ 200%。

5）启溢闭试验：高压保压压力为 40 MPa；低压密封性能试验压力为 7 MPa；开闭试验压力为 20 ~ 32 MPa，流量不得低于 20 L/min；电磁铁电控试验电压不得高于 DC 8.5 V，确保极限电压也可以正常开启电磁阀。

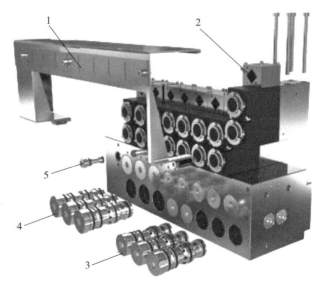

图 4 - 4 主阀结构

1—电磁阀护罩（标牌）；2—先导阀；3—125 L 阀串；4—400 L 阀串；5—先导滤芯

（2）先导阀及主阀阀芯修理工艺及标准

1）故障判断。

在维护过程中需要准确判断出现的故障。判断的原则是一听，二试，三动作。一听是指听泄漏的声音是从哪里发出的；二试是指通过手摸管路，感觉是否出现审液；三动作是指通过动作先导阀观察是哪一个先导阀或阀芯出现问题。

先导阀和阀芯都属于耐用型产品，出现故障的绝大多数原因都是因为密封件的损坏，通过更换密封件即可修复。

2）修复先导阀。

如果判断是先导阀出现故障，则更换先导阀过程为关闭主进截止阀→按动其他先导阀→将主阀进液通道卸压→卸载完毕后，使用 M5 内六角扳手拆下先导阀并进行更换。

先导阀通过调节杠杆的位置，来调节其控制套顶针的位置，只有当顶针的位置合适，先导阀才会动作灵敏。调节先导阀的方法：拆下先导阀防尘塑料堵头，顺时针旋转表示杠杆远离磁铁，逆时针旋转表示杠杆靠近磁铁；先逆时针旋转 5 分钟后，缓慢顺时针旋转测试其功能，直到进入绿色区域；再逆时针旋转 2 分钟，再次进行测试直到先导阀动作灵敏为止。

先导阀紧固螺栓的顺序为先拧紧前部螺栓，然后再拧紧后部螺栓。

3）修复阀芯。

如果判断是阀芯的问题，则更换阀芯过程为关闭主进截止阀→按动先导阀→将主阀进液通道卸压→卸载完毕后，使用 M10 内六角扳手拆下阀芯，并查看阀芯外部密封圈是否损坏。若损坏，则更换密封圈后，将阀芯安装回去，若阀芯外部密封圈没有异常，则将更换下来的阀芯装入专用包装盒中，防止二次损坏，最后更换新的阀芯。

主阀包含两种型号的阀芯：DN20 和 DN12，这两种阀芯的结构相同，区别在于阀芯的过液通径。

先导阀与阀芯常见故障现象、原因分析及处理方法见表 4－2。

表 4 - 2　先导阀与阀芯常见故障现象、原因分析及处理方法

故障现象	原因分析	处理方法
阀芯与阀体之间出现漏液	阀芯外部 O 形密封圈损坏	更换阀芯 O 形密封圈
先导阀与阀体之间出现漏液	先导阀端面 O 形密封圈损坏	更换先导阀端面 O 形密封圈
操作时液压支架不动作或动作缓慢	阀芯 PEEK 阀阀垫损坏，导致进、回液短路	更换阀芯 PEEK 阀阀垫
	先导阀回液密封件损坏，导致进、回液短路	更换先导阀
	先导阀电磁铁失效	更换先导阀
	过滤器堵塞	更换过滤器
不操作时液压支架动作或主阀有咝咝响声	阀芯 PEEK 阀阀垫损坏，造成进液通道和工作口之间发生窜液	更换阀芯 PEEK 阀阀垫
	先导阀进液密封件损坏，导致窜液	更换先导阀

4.5.2　控制器修理工艺及标准

控制器如图 4 - 5 所示。

图 4 - 5　控制器

（1）外观标准

外壳无破损、无较大变形，接口处无变形；4C 电缆可灵活插接，插针无松动、摇晃现象；屏幕亚克力不得破损，前面板无利器损伤、钝伤；如遇片帮现

象，急停、闭锁机械性能应良好，不得有蹩卡现象；防尘帽无裂纹、老化现象；固定耳座完好，若采用孔式固定，则需重新测孔，清理孔内壁，保证无锈蚀，若采用 U 形卡固定，则需检查耳座是否有裂纹或断裂，若有，则视为不合格。

（2）人机交互性能标准

按键力为 600 gf^① 时，按键可有效反弹，用 100 gf 的力轻触按键，可完成电路闭合，或点亮声音和屏幕的触感反馈按键指示灯；按下按键，除相应功能指示灯外其他指示灯不能亮起，若其他指示灯亮，则视为按键三极管损坏；屏幕出现暗屏、花屏、黑屏、闪屏等现象视为不合格；蜂鸣器不得低于 90 dB；电源、故障、信号、急停、闭锁等指示灯不工作视为不合格。

（3）通信标准

1）Tbus 通信，生命周期刷新速率不得低于 600（系统测试可得），若低于 600，则会出现成组动作迟缓、反应迟钝，建议更换新的通信芯片，该通信方式常用于马克老式控制器。

2）CANbus 通信。传输速率不得低于 5 KB/s，邻架响应时间不得高于 0.5 s，若超过 0.5 s，则视为不合格，需更换通信芯片。该故障通常出现在天马、EEP、TIEFENBACH 控制器中，其原因通常为电源双向供电导致芯片通道堵塞、未加耦合器、电路老化等。

（4）防潮、防水气密性标准

电路板无环氧灌封类型电子设备内部最少 2 包干燥剂；透明环氧灌封胶电路则可以免除干燥剂。无橡胶密封圈电控需用 7091 密封胶灌封，自然晾干，不得烘干，自然晾干时间不得小于 8 h。在整体维修完毕，贴指示膜之前抽真空，整体浸泡水中 2 min 无进水现象，视为合格。

（5）其他标准

1）控制器根程序包括 BOOT 程序、MSP 显示程序、LCA 按键板控制程序等，在修复中，会将所有程序升级至最新、最优化状态，确保控制器在显示、动作、分析等各环节均处于最优化状态，并可使用 5 年以上；主板内存电容必须更换，且不能低于 10 000 μF。

---

① 1 gf = 0.00981 N。

2）驱动器电缆胶皮出现脱落、破损、烧坏、挤压现象应全部拆解修复，不得续接；表面处理结束后上电测试，整体连接后，若单功能测试不会激活其他功能则合格；正常功能输出电压为 DC 8.2 ~ 12.0 V，功能口待机电压为 DC 0.5 ~ 3.0 V，除此之外均视为不合格。

4.5.3　传感器修理工艺及标准

（1）位移传感器

由于装配条件及维修维护条件的限制，因此，每次大修必须更换位移传感器包括接头磁环。若要修复，则在检测时不能出现断点跳跃（读数跳跃），干簧管直径为 3 mm，两只干簧管经焊接后中心距约为 3 mm，若跳跃超过 3 mm，则视为断点或其他干簧管无弹性短路现象，即不合格。位移传感器如图 4 - 6 所示。

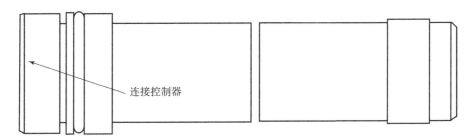

连接控制器

图 4 - 6　位移传感器

（2）压力传感器

压力传感器溅射薄膜若使用超过 3 年，则必须换新。使用 3 年以内压力传感器供电检测，电压变化为 DC 0.5 ~ 4.5 V，且呈平稳线性增长，电压跳跃不得超过 DC 1 V，电压信号转换模拟量（控制器读数）变化跳跃不得超过 15 bar[①]（修复后传感器不带压读数为 0 ~ 15 bar，含 15 bar），其他读数视为不合格产品。传感器连接器插接口应除垢，修复凹痕、凸起，使连接器在未被限位销阻挡前可灵活旋转。压力传感器如图 4 - 7 所示。

---

① 1 bar = 0.1 MPa。

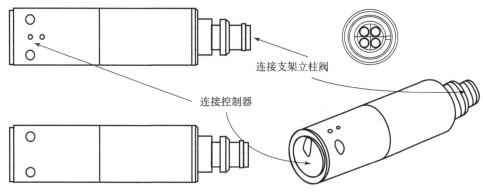

连接支架立柱阀

连接控制器

图 4 - 7　压力传感器

（3）红外线传感器

镜头模糊视为不合格；正常供电后使用示波仪检测脉冲，若无脉冲，则视为不合格产品；使用控制器检测，需找到红外线菜单栏，观察红外线电压读数使其符合正常值。

（4）耦合器

电源接口可正常供电即可，若无法供电，则应拆解检查是否出现电阻烧毁现象；在通信测试时，光耦信号灯（黄）正常为 0.5 s 闪烁一次，若无法通信，则应拆解并更换光耦，更换后应整体环氧灌封，光耦电路不得裸露在空气中。

4.5.4　电缆连接器修理工艺及标准

使用 3 年以上电缆应无条件更新；若需维修，需检测通断；架间电缆需测量电阻，防止芯线炭化、氧化导致成组动作缓慢、通信堵塞；通常 4M 电阻阻值不得高于固定阻值，有

$$R = \rho l/s$$

式中　R——导线电阻值，Ω；

　　　ρ——导线电阻率，$\Omega \cdot m$；

　　　l——导线长度，m；

　　　s——导线截面积，m^2。

4.5.5　供电系统修理工艺及标准

电源如图 4 - 8 所示。

电源箱外观全部喷漆，插口必须换新，喇叭嘴防爆 O 形圈、铜挡圈全部更换为新件，内部防爆漆层厚度为 1 mm，破损处必须进行防爆处理。电源模块测量电压为 DC 12 V，且须稳定；低压端 1 s 短路测试后可自动恢复，且无燃烧现象（若有专用测试仪，则建议使用仪器测试）。本安电路与外壳之间的规定绝缘值为 500 V/min 视为合格。

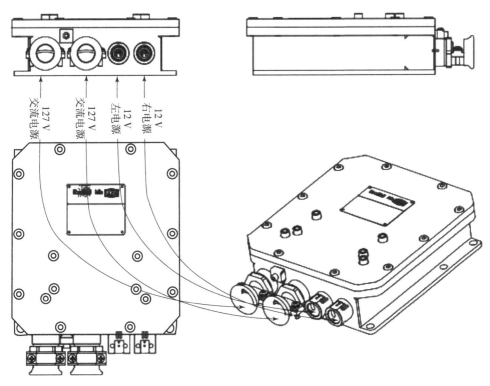

图 4 - 8　电源

4.5.6　综采工作面电液控制系统井下上电调试步骤

1）系统上电，给液压支架电液控制系统控制器传入应用程序（用一个带程序的控制器向其他液压支架的控制器传输），观察综采工作面所有液压支架的控制器显示、信号通信是否正常。

2）启动总线测试功能，对控制器综采工作面总线通信进行测试；启动控制器的架间通信测试功能，对每台液压支架的架间总线进行通信测试；如果有问题，则须检查故障、分析原因，并排除故障。

3）检查控制器的急停、闭锁功能及警示灯与蜂鸣器是否正常。

4）在每台液压支架的控制器上观察压力传感器、行程传感器、红外线传感器显示是否正常；如显示不正常，则对相应传感器的通道配置参数及连接器进行检查，排除故障。

5）检查控制器与驱动器的连接状况，确保控制器与驱动器通信正常。

6）检查控制器菜单系统参数项各个参数的设置情况，根据综采工作面的实际情况和采煤工艺需求与综采队协商进行各个参数的调整与设置。

7）检查电液换向阀组是否有漏液或窜液现象。

8）检查乳化液浓度和清洁度；检查高压反冲洗过滤站、液压支架过滤器、电液换向阀先导过滤器的完好情况，是否出现堵塞或击穿的现象。

9）逐个检验单架单动作操作，查看电磁阀的输出功能是否正常。

10）逐项检查成组自动控制功能。

11）观察主机是否正常显示综采工作面的压力、行程、采煤机位置等信息。

12）观察主机是否正常显示综采工作面液压支架的动作信息。

13）设置跟机自动化的各项参数，启动跟机自动化功能，并检查运行状况。

电液控制系统安装调试运行正常后，由专业修理厂组织使用单位对整个系统进行验收，同时填写验收报告。

第 5 章
单轨吊车的使用、修理经验与研究

5.1　单轨吊车简介

单轨吊车（见图 5-1）是用一条吊挂在巷道上空的特制工字钢作轨道，由具有各种功能的吊挂车辆连成车组，用牵引设备牵引，沿轨道运行的系统。其结构组成有驾驶室（见图 5-2）、主机、起吊梁。牵引动力（主机）可由钢丝绳、柴油机、蓄电池或风动装置提供。

图 5-1　单轨吊车

图 5 - 2 单轨吊车驾驶室

单轨吊车运输的主要优点：本机截面小，巷道断面空间利用率高；可用于平巷和斜巷的连续不转载运输，运送载荷不受底板条件限制，可在各种竖曲线、平曲线及复杂曲线轨道运行；可完成从采区车场直至工作面不经转载的辅助运输，可用于把主要运输大巷和采区巷道连在一起的辅助运输作业；本机驱动单轨吊车运行灵活，一台可多岔道、多支线直达运输，运行阻力小、效率高、节省人工，能直接进入工作面；自动起吊，装卸方便，劳动强度低；保护齐全，制动可靠；投资和维护费用较低，使用柴油机或电动机牵引，灵活性好，运输距离不受限制，可以把人员、材料及设备运送到任何需要的地方；爬坡能力强，柴油机车最大倾角可达 30°、蓄电池机车最大倾角可达 15°。

单轨吊车运输的缺点：需要可靠的吊轨悬吊承力装置；柴油机单轨吊车排出的废气有少量污染和异味，需加强运输巷道的通风；有噪声；由于运行轨道采用悬吊方式固定，单轨吊车在运行中机身摇摆，因此，超重设备的运输受到限制。

在条件允许的情况下，单轨吊车可以取代矿车、绞车进行井下运输。

单轨吊车物料运输驱动布置示意图与单轨吊车整架运输驱动布置示意图如图 5 - 3、图 5 - 4 所示。

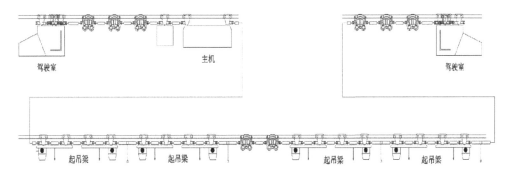

图 5 - 3　单轨吊车物料运输驱动布置示意图

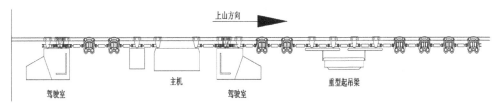

图 5 - 4　单轨吊车整架运输驱动布置示意图

5.2　单轨吊车选型的有关经验

选用何种型号的单轨吊车，首先要考虑使用环境适应性，包括瓦斯、煤尘状况、巷道断面、线路坡度、弯道半径、运输距离、车场、换装站、最大载重、检修硐室、岗位人员专用硐室、轨道吊挂、储油硐室（柴油机）、风量配备等。

根据使用环境应考虑的关键技术参数包括牵引力、制动力、驱动总功率（主机功率）、电池容量（电驱动）、燃油消耗（柴油机驱动满载消耗）、最大爬坡能力、制动形式、运输距离、最大速度、转弯半径、最大载重量、适用轨道型号、裸车整车外形尺寸（长×宽×高）、液压起吊梁（起吊形式、起吊梁长度、起吊梁宽度、承载小车组数、起吊行程、额定起吊质量、提升速度等）、轨道说明（材料、断面尺寸（宽度、质高度、腹板厚度）、轨道长度、轨道底扣件、直轨轨道允许转折角度、在垂直方向的最大承载能力等）、轨道道岔驱动方式等。

开滦集团某矿的使用环境是掘进巷道宽×高为 4.2 m×2.6 m，最大坡度为

10°，运输距离为 1 300 m，最大载重为 20 t，存在瓦斯、煤尘等情况，且拟使用电驱动。根据上述条件，在选用单轨吊车时的具体技术要求如下。

5.2.1 关键技术参数要求

1）牵引力≥120 kN；制动力≥180 kN。

2）驱动总功率：12×6 kW。

3）电池容量：730 Ah①×252 V。

4）最大爬坡能力：最大倾角为 15°。

5）制动形式：失效制动 + 电气保护。

6）运输距离：1 500 m。

7）最大速度：2.0 m/s。

8）转弯半径：水平为 4 m，垂直为 10 m。

9）最大载重量：25 t。

10）适用轨道型号：I140E、I140V。

11）裸车整车外形尺寸（长×宽×高）：23 m×1.02 m×1.4 m。

12）25 t 液压起吊梁技术参数如下。

①起吊形式：液压电动机起吊。

②起吊电动机、起吊链条、链轮、导链轮架均采用知名品牌，保证使用质量。

③起吊梁长度为 12 300 mm，宽度为 1 800 mm。

④承载小车组数：8 组。

⑤起吊行程：约 2 000 mm。

⑥额定起吊重量≥250 kN。

⑦提升速度≥1 m/min。

13）30 t 液压起吊梁技术参数如下。

①起吊形式：液压电动机起吊。

②起吊电动机、起吊链条、链轮、导链轮架均采用知名品牌，保证使用

---

① 1 Ah = 3 600 C。

质量。

③起吊梁长度为 13 000 mm，宽度为 1 800 mm。

④承载小车组数：8 组。

⑤起吊行程：约 2 000 mm。

⑥额定起吊重量≥300 kN。

⑦提升速度≥1 m/min。

14）轨道说明如下。

①材料：20MnSi 合金钢。

②断面尺寸：宽度为 69 mm，高度为 198 mm，腹板厚度为 8 mm。

③轨道长度：2.4 m/根。

④轨道底扣件：哑铃型。

⑤直轨轨道允许转折角度：水平方向为 ±1°，垂直方向为 ±3.5°。

⑥在垂直方向的最大承载能力≥80 kN。

15）采用重型轨道道岔，驱动方式为风力驱动并实现位置闭锁。

5.2.2　一般参数要求

（1）机车主要构成及功能组成

1）司机室部分相关介绍如下。

①司机室分置在单轨吊车的两端，是作为驾驶人员操作、运行和监视机车状况的工位。两个司机室不分主次，操作权均等，先操作的操作室获得操作权，同时，另一个操作室失去操作权，直到单轨吊车停车后，两个司机室又重新获得均等操作权。每个司机室的牵停按键和总停按键，以及控制箱上的牵停按键均具有同等操作权，无主次之分，任意时刻均可停止单轨吊车的运行。

②每个司机室均由吊架和司机室组成。司机室通过 4 个减震器悬挂在吊架下，内设有座椅、操纵装置、按键开关、显示仪表、照明信号灯具、悬梯、灭火器、工具箱等装置。司机室带制动缸，可确保司机安全。

③运输车前有照明灯、车后有红色尾灯（在反方向运行时可实现转换），当机车运行时，有自动语音提示："单轨吊运行，请避让"，间隔时间可自行调节。

④机车所配置的灭火器为 MFZ/ABC4 型干粉灭火器。

⑤机车前、后均应设置照明灯和红色信号灯。照明灯应满足距机车 20 m 处照度不低于 4 lx 的要求；信号灯的能见距离不低于 60 m。

⑥每个司机室安装有紧急卸荷阀，遇突发情况时可紧急停车。

⑦机车安装视频摄像头，司机室内显示屏可实现视频监测功能。

⑧机车运行过程中司机必须配备移动通信装置，随时与其他运输人员保持联系。

2) 动力源部分相关介绍如下。

①电池车是单轨吊车的总动力源，由电池升降梁和蓄电池组组成。电池升降梁由两个承载小车和一个电池梁体组成，电池梁体通过球面轴及销轴悬吊于承载小车下，每个电池升降梁由液压电动机和电池梁体组成，为单独升降梁，可实现蓄电池组的起吊和降落；蓄电池组由电池组和箱体组成，电池组由 126 块煤矿井下专用铅酸蓄电池串联组合而成，单体蓄电池每节电压为 2 V，单块蓄电池组总电压为 252 V，容量为 730 Ah。

②电池组的正极和负极由防爆隔离开关专用插头引出，供给防爆电控箱，作为单轨吊车的总动力源。防爆隔离开关是快速插拔的电气连接器，其内部设有快速熔断器，用以在外部电路发生短路时，保护电池不受损害，同时，还配置插拔互锁隔离开关，即隔离开关断开后，才能插拔插头。电池箱体一端并排设有两个隔离开关，其中左侧隔离开关内部设有快速熔断器，右侧与防爆电控箱连接的隔离开关没有快速熔断器，以便隔离开关插头的快速插拔。

③充电完成后应保证综合运输距离不得小于 16 km，电池循环使用寿命大于800 循环次，使用 500 循环次后应保证电量不低于 90%；机车内应设置电压报警提示及保护。

3) 驱动部分相关介绍如下。

①驱动车由六套独立的驱动车组成，是机车产生驱动力的装置。每台驱动车由一个驱动架、两个驱动装置（驱动部）组成。驱动架包括一个架体、一个弹簧制动装置、一个夹紧油缸、四个承载轮；驱动装置由一个驱动轮、一台减速机及一台电动机组成，驱动装置距轨道底高度不得大于 0.65 m，以保证机车通过。为使驱动轮在导轨间产生足够的驱动力，导轨两侧的驱动轮设有辅助液压压紧装置，确保驱动轮有足够的正压力，以保证单轨吊车在工作时有足够的驱动力。

②驱动装置驱动闸块、制动液压缸、夹紧油缸、承载轮均采用国内外知名品牌，质量可靠。

③每台驱动车设有一个弹簧制动装置，通过制动液压缸的伸缩来控制其制动和松开。每个弹簧制动机装置动力不得低于 25 kN。

4）控制部分相关介绍如下。

①控制车总成包括承载小车、限速小车、控制梁、控制架、液压站、防爆箱、电控系统几部分。

②电控系统包括逆变器、控制中心、操作部分和显示部分。逆变器采用 ABB 变频器，保证机车半坡起步 100% 不溜车。

③逆变器可分为行走电动机逆变器和油泵电动机逆变器，分别控制行走电动机和液压站油泵电动机。在牵引时，牵引逆变器将直流电逆变为三相交流电，驱动牵引电动机工作；下坡时，在逆变器的控制下，将单轨吊车动能（或势能）转变成电能，向蓄电池组反向充电，实现能量回馈从而实现制动，减速停车。

④控制中心是单轨吊车操作、检测、显示、控制、执行的中枢环节。

⑤单轨吊车的操作按功能可分为两类：在司机室，正常操作单轨吊车行走；调试时，在防爆电控箱操作面板上操作单轨吊车行走。

5）充电装置相关介绍如下。

①应满足 730 Ah×252 V 电源装置的充电需求。

②电源输入电压为 AC 1 140 V/660 V（1±10%）

③直流输出电压为 10～400 V

④直流输出电流为 10～100 A

6）液压系统相关介绍如下。

①单轨吊车液压系统由液压站、管路系统、液压执行油缸及起吊电动机等构成。

②正常工作压力范围为 7～15 MPa。

③当液压系统发生故障，不能正常进行补压，系统压力降到设定最低值时，液压系统应发出警报并使单轨吊车停止运行。

④夹紧油缸的夹紧力为 6.5～12 MPa，当驱动夹紧压力低于 6 MPa 时，机车保护制动，应具备紧急制动功能。

⑤液压系统传动介质正常温度为 50 ℃，液压油允许温升至 75 ℃（使用矿物油时）。

⑥液压起吊梁，满足不低于 25 t 的起吊要求，采用液压电动机起吊，液压电动机、起吊链条均采用知名品牌。

（2）安全保护说明

1）单轨吊机车配有机载瓦斯断电器，供电电源为 DC 12 V 本安电源。瓦斯浓度达到 0.8% 即报警，瓦斯浓度达到 1.0% 即断电（瓦斯仪参数可根据矿方要求调设）。单轨吊车能实现无线风电闭锁功能，且须提供煤矿矿用产品安全标志证书。

2）必须具备两路以上相互独立回油的制动系统；单轨吊车制动形式为弹簧失效制动，当机车电气或液压系统出现故障时即刻失效制动。紧急制动制动时间 <0.7 s；工作制动制动时间 <2 s。

3）单轨吊车具有超速保护功能，当机车速度超过 2.3 m/s 时，可触发机车超速保护功能，机车将停车。

4）在遇到特殊情况时，可按下急停按键和快速卸荷阀使机车紧急停车。

5）机车有电压报警提示，当蓄电池电压降至极限值，出现报警提示，表明机车需要进行充电。

5.2.3 技术及制造加工要求

1）最大不可拆解件尺寸不得大于 3 900 mm × 1 400 mm × 1 600 mm。

2）单轨吊车应符合国家标准要求，并按规定程序批准的图纸和技术文件制造。

3）单轨吊车所用的非金属材料应符合 MT 113—1995 的规定，所用的制动材料应选用在制动时不会引起爆炸和燃烧的材料。

4）机车装备电测及机械式两种超速保护，以及瓦斯检测断电保护、电瓶电量指示等检测保护装置。各类仪表应齐全、显示准确，且符合设计规范。

5）超速保护装置必须采用经过国家矿山安全监察局鉴定认可的产品，确保超速保护取样轮能够与轨道底边缘时刻紧密接触（设置拉紧弹簧），以防误动作。

6）轨道扣件应采用进口精锻技术制造。

7）机车安装有直流绝缘检测装置（漏电检测装置）；实时测量单轨吊车电池的对地电阻值，从而有效监测电池是否漏电。

8）单轨吊车可实现无线风电闭锁功能；

9）应提供整机及零部件部件齐全、有效的煤矿矿用产品安全标志证书（影印件）、防爆合格证等证件。

5.3　单轨吊车操作要求

（1）安装有关要求

1）吊轨必须按照运输线路设计并施工。

2）严格按照吊轨安装技术规范要求施工，符合质量要求，每隔一定距离悬挂里程标识牌；斜巷段每节吊轨必须安装防窜动链和防偏摆链；单轨吊转弯区段应设置在平巷段，避免同时转弯和变坡。

3）吊轨起始端应设置阻车装置，并使用双链吊挂；根据巷道情况，逐段悬挂安全运行标识牌，标明巷道坡度、最大运行速度等内容。单轨吊车运行线路若在断层、顶板破碎等特殊地段，则要安装顶板离层监测装置，安装数量和间距由煤矿总工程师审定，必须满足顶板管理相关安全要求。

4）严格按照设备使用说明书相关要求，制定安装、拆除单轨吊车安全技术措施；安装、拆除过程必须在视频下进行，由管理技术人员现场跟班，确保安装质量和施工安全；主机、驱动、起吊梁等组装完成后，由安装单位对各类保护、信号（机车通信）、驱动装置、视频和显示装置等进行全面检查，确保符合要求后，才能申请验收；严禁私自改变原有设备性能。

5）使用不低于 ϕ18.5 mm 的钢丝绳将单轨吊车连成一个整体作为二次保护，防止连接轴脱节造成放大滑；钢丝绳中间段应固定可靠，确保在运行时钢丝绳不会被剐蹭。

（2）验收有关要求

掘进巷道完工后及工作面安拆前，由机电负责人牵头组织相关专业分管部门、业务监管单位等参与移交验收，对单轨吊车运输系统设备、吊轨质量、安全间距等按照柴油机单轨吊车验收标准、《煤矿安全生产标准化基本要求及评分方法（试行）》和有关煤矿单轨吊车安全运行管理暂行规定进行验收，对验收存在的问题明确整改标准、责任单位、整改期限。新安装单轨吊机车必须由机电负责人组织人员按照标准进行验收，秉持"谁验收、谁签字、谁负责"的原则，若验收未通过，则严禁运行。

加强吊轨施工质量监督，新安装吊轨、道岔等必须符合安装要求，严格按标准组织验收后方可行车。

（3）运行有关要求

1）单轨吊车司机必须经过培训合格后持证上岗。

2）在单轨吊车运行前，由司机按照标准内容进行巡检，必须对驾驶室电气急停保护、手动急停保护和超速保护进行静态试验，合格后才可运行。

3）当单轨吊车停止运行时，司机必须操作驾驶室手拉急停保护。

4）司机、跟车工应配备手持机；柴油机驱动的单轨吊车，司机、跟车工必须携带 CO 便携仪，且确保其完好并正常使用。

5）单轨吊车运行路线要制订"一巷一策"，在巷道入口、单轨吊车换装站等适当位置明确限宽、限高尺寸，超宽、超高物件严禁运输。

6）单轨吊车运行速度要与吊轨质量、巷道环境相适应，一般情况下，运行速度平巷不超过 1.5 m/s，斜巷不超过 1.2 m/s。

7）在起吊时，吊钩必须居中固定并限位，且在运行时不得发生位移，防止偏摆。

8）在单轨吊车斜巷运输期间，严格执行封闭管理和"行车不行人、行人不行车"制度；当单轨吊车在斜巷运行发生故障时，应立即停止操作，现场警戒到位，并向科区汇报，由机电负责人组织制定防止溜车及故障处理措施，并现场指挥处理，严禁单轨吊车司机和检修人员私自处理。

9）当机车在运行中出现异常紧急情况时，必须第一时间操作手柄恢复零位，按下电气急停按键，拉下手动释放阀，确保机车立即制动。

10）柴油机驱动停止作业超过 10 min，应关闭机车，严禁机车在 CO 传感器附近长时间停留或进行起吊等作业。

11）当两列及以上单轨吊车同线路同向运行时，间距不得小于 50 m；会车时，停运单轨吊车应停在停车位置线内，不得压道岔停放。

12）在正常情况下，不得在道岔和斜巷内停车，若遇特殊情况确需停车，则需采取安全措施。

13）在利用道岔、风门、起吊梁进行作业时，必须实现遥控功能；启用道岔须确保闭锁机构可靠（活动轨到位后必须两侧限位），机械和控制部分完好。

14）当机车过弯道、风门、道岔、交岔点、换装站等处时，应确认道岔位置和风门开启情况是否符合要求，并提前 30 m 减速运行，速度限制在 0.5 m/s 内，鸣笛通过。

15）当单轨吊车运送人员时要使用专用人车，乘人车必须设有防护设施、固定座椅、紧急停车装置，人车两端必须设置制动装置，两侧必须设置防护装置。运送人员时，必须设跟车工，并在指定地点上、下车，必须由专人进行安全确认，严禁超员乘坐；每次发车前，经跟车工安全确认后才可发出开车信号；车未停稳时严禁人员上、下车；单轨吊车乘坐人员严禁携带超长、超重、易燃、易爆、有腐蚀性物品；运送人员期间严禁同时运送物料。

16）单轨吊车必须安装定位卡，保证调度和监控系统运行正常，实现实时显示运行轨迹和线路。

17）单轨吊车必须具备防碰撞功能。

18）推广使用单轨吊车驾驶手柄单向驾驶，轻、重载模式自由切换（轻载模式超速保护设置为 1.8 m/s，重载模式超速保护设置为 0.75 m/s）等技术；推广应用智能预警摄像头、语音预警、错向自主制动、大件安拆远程控制等技术。

（4）装车起吊有关要求

1）在起吊、落车作业前，明确施工负责人，按要求设置警戒，操作人员必须对巷道支护、吊轨等进行安全确认。

2）在起吊、落车作业时，必须由专人操作，起落平稳，确保起吊梁各部位受力均匀、重心平衡、吊挂可靠，单轨吊车冗余链条必须绑扎牢固；在起吊操作前应发出信号，起吊物下方、连接件崩弹方向、摆动和倾倒范围内严禁有人。

3）单轨吊车严禁超载运行，起吊物料质量要符合起吊梁吨位，严禁超负荷起吊、拖拉物料；在使用单轨吊车运输物料时，必须使用专用集装箱或物料车，注意保持物料重心平衡。

4）单轨吊车起吊与落车作业必须使用遥控远程操作，在指定的换装站进行，并保证作业现场有充足的照明和足够的安全间隙，严禁压道岔停车进行起吊作业。

5）换装站必须安装工业电视，现场明确停车范围，确保起吊、落车作业在视频监控下进行，当固定视频出现断线等故障时，可使用移动视频。

6）单轨吊车换装站巷道顶部轨道应与地面轨道中线保持一致，确保平稳起吊和落车；现场应备齐掩车工具，在起吊前、落车后，车辆或物料必须掩牢；易滑动、滚动等物体下方必须采用可靠的衬垫加以缓冲、防护，严禁将起吊物料直接落放在地面轨道面上。

7）单轨吊车在换装前要由专人对物料装封车进行检查确认，严禁使用起吊链条直接捆扎物件，若不符合标准，则严禁起吊换装；起吊必须使用合格的起吊工具和链条，在起吊前确认起吊链和连接装置完好，严禁超载起吊；起吊点需选择在物料重心上方，如必须选在重心下方，则物料上方必须采取措施，捆绑牢固。

8）在起吊、落车作业时，起吊梁与物料之间应保持一定的安全间距，严禁起吊梁直接落在物料上；在落车时，应确认物料完全落实、保持平稳、起吊链已松弛，再进行后续作业。

5.4　单轨吊车坠落事故预防

在以单轨吊车运输为主要运输方式的矿井中，各种与单轨吊车相关的事故，以单轨吊车坠落事故的处理最为复杂、影响时间最长，同时，处理坠落事故的安全风险也最大。

近年来，单轨吊车坠落事故主要发生在采区内部，主要轨道大巷也有零星出现；而且，其多发生于重载运输期间（大件运输居多），在轻载运输时偶有出现。

事故原因主要如下。

（1）轨道安装、维护质量低

1）单轨吊车吊挂点疲劳损坏。

①吊挂点为锚索吊挂，锚索淋水腐蚀，钢丝断裂，单轨吊车主机经过时被拉断，造成主机坠落。

②锚杆疲劳断裂造成机车卡住。这种情况排查难度较大，原因是巷道发生变形或经过修复，经常出现的吊挂点被覆盖，并且出现疲劳损伤的位置相对隐蔽，通过一般的检修手段难以排查。

2）单轨吊车轨道连接点损坏。

主要表现为连接件疲劳断裂，螺栓、螺母缺失等。连接点损坏可以说是单轨吊车坠落事故的主要原因之一。当连接点损坏时，机车大部分时间仍能通过，但长期运行必然会引发轨道扭曲变形，继而卡住机车，在未能及时停车、斜巷重载等情况下，会进一步发展成坠落事故。造成这种情况的主要原因就是轨道的检修、维护质量低。在某单位安装前的验收中，就曾发现二十多处螺母缺失。

3）未按照要求加设侧拉链。

侧拉链的主要作用是控制机车经过时造成的轨道摆动。对于侧拉链的安装地点、安装方式，在煤矿机电运输管理规定中都有相应的要求。若侧拉链安装不足（尤其是大坡度斜巷及变坡点），则机车在经过时必然出现剧烈摆动，继而造成轨道损坏、机车落架。在大件运输中，由于侧拉链安装不足造成的机车卡住或落架是最常见的。

（2）单轨吊车与巷道周边设施刮擦

1）轨道高度不足或与巷帮之间的间距不足。

多发生于大件运输中。大件运输对巷道高度、宽度要求较高（需求较大的运行空间），在单轨吊车运行空间不足的情况下，会出现大件在底板拖拽、滑行或刮擦巷帮的情况，使单轨吊车负载增加，轨道承力不均，从而导致发生轨道变形甚至机车坠落。

2）巷道设施吊挂不当。

因为巷道设施吊挂不当引发的轨道事故不多，但通常会造成设施的损坏。例如，由于液压泵站使用的高压胶管吊挂不当，钢丝胶管绞入单轨吊车驱动部的轮系中，随着机车前行，钢丝胶管卡在巷帮棚梁上，将机车拉住，造成机车卡住，单轨吊车梁体被拉断。

（3）单轨吊车运行不规范

1）单轨吊车超载运行或物料吊挂不当。

①单轨吊车在大坡度斜巷运行，若吊运的物料超重，则容易出现因应力集中

造成的轨道损坏。曾经发生过在30°的斜巷上，运输采煤机摇臂（13 t），而导致将单轨吊车轨道吊耳拉断的坠落事故，这就是由于超出了单轨吊车运输能力，强行运行造成的。

②物料吊挂不当出现的坠落事故，最常见的原因是使用的连接螺栓强度等级低。例如，使用普通螺栓吊挂大件，在运输过程中（平巷）螺栓拉断，而导致起吊的重物坠地。

③在单轨吊车运输的早期，因为起吊物吊挂轻重不均，在机车下山时常出现轨道扭曲而导致坠落的现象，不过随着经验的积累，这种情况已经很少出现。

2）单轨吊车司机及跟车工作业不规范。

这种情况主要体现在作业人员的责任心上。

①单轨吊车司机作业规范，对于不符合要求的吊挂方式、轨道及巷道情况要坚持原则，不能强行运行。此外，在大坡度斜巷上的急停也经常造成轨道事故。因此，单轨吊车司机的错误作业，虽然很少是事故的直接原因，但通常是事故的主要原因之一。

②跟车工在跟车中对车辆的观察，以及对道岔的操作确认是十分重要的。道岔限位误操作，是单轨吊车卡车的常见原因之一。若跟车工发现机车异常时，能及时通知司机停车，则可以避免事故的进一步扩大。

3）单轨吊车检修不到位。

单轨吊车检修不到位，易造成机车的非正常停车，或机车的不正常运行。在某工作面的拆除中，机车因管路故障在斜巷停车，检修人员维护不当，管路接错造成机车放大滑，导致机车坠落。

■ 5.5　单轨吊车维护

（1）单轨吊车轨道的安装与维护

针对单轨吊车轨道的安装与维护在第5.4节中也做过探讨。单轨吊车轨道事故的高发区在采区轨道，对于这种情况，整治措施如下。

1）针对单轨吊车轨道的安装，应严格按照《单轨吊轨道安装技术规范》的单轨吊车轨道安装标准进行安装工作。单轨吊车轨道管理单位要做好标准的学习、宣贯工作，使安装、检修人员在作业中有据可依。

2）对轨道进行分段验收。由机电科、运管办牵头组织，协同安监处机运科及运输区，对新装轨道进行验收。必须将验收查出的问题整改完毕后，单轨吊车才可通过。在整条巷道移交前，应由机电科、运管办牵头组织，协同安监处机运科、使用单位及运输区，对整条巷道的轨道进行重新验收，验收问题完全整改完毕后才可移交。同时，建议对巷道工程单轨吊车安装进行单独考核，移交验收后再进行结算。

3）明确职责，属地管理。采区轨道由使用单位检修维护，轨道使用单位应有专人进行轨道的巡检、维护工作，使用单位机电负责人应对轨道巡检工作进行监督检查，确保全覆盖的检修与维护。同时，针对因轨道安装或检修不当造成的机车坠落事故，应追查到位，责任落实到人。

（2）单轨吊车运行空间

对于单轨吊车运行的空间，绝不能打折扣，尤其是为大件运输做准备的巷道，应严格按照运行需求进行作业。对于一些可能与单轨吊车运输路线有交集的吊挂设施，应提前考虑好设施的布置位置，从根本上杜绝事故发生。

（3）作业人员管理

运输区应加强对单轨吊车司机的管理，进一步深化单轨吊车司机作业的模块化、流程化工作，按章作业。跟车工应强化责任意识，做好跟车确认工作。运输区还应加强单轨吊车的检修工作，尤其是保证检修时间，检修人员须加强责任心，未检修的机车坚决不准运行，每辆车每天必须保证 2 h 的检修时间。

第6章
引射除尘器研究

在煤矿井下生产中，贯穿着拉伸、摩擦、爆破、落煤、运输、提升等作业环节，各种工序过程都会伴有粉尘的产生，产尘量主要集中在开采、喷浆、落煤、运移等过程。采煤、掘进工作面产尘量最多，约占总产尘量的70%~80%。经放煤口下落的煤体受到挤压、剥落、破碎等作用形成粉尘颗粒。工作面的风流作用会使较小粒径的颗粒进行不规则运动，从而形成大量煤尘。煤矿中的主要尘源是采煤工作面产尘，产尘原因复杂多样。煤矿粉尘严重威胁煤矿的安全生产和职工的身体健康，采用有效的除尘设备能够有效保障劳动者权益。

本章设计了一种液压支架放煤口引射除尘器，利用 Fluent 软件进行仿真，可得到引射除尘器的自身结构及外界因素与内部流场之间的关系。其步骤如下。

首先，建立引射除尘器三维数字模型，然后根据 Fluent 软件仿真要求对其进行简化。

其次，选取适当的尺寸参数并采用 ICEM CFD 软件对引射除尘器进行非结构化网格区域划分，并设置边界条件，成功导入仿真软件。

然后，采取单一变量的方式，对引射除尘器内部流场进行仿真分析，并对尘雾耦合过程进行模拟。先设置多组对比参数，在控制水压的前提下，得到80 mm、120 mm、160 mm 三种直径的引射筒内部的流场仿真结果，可得出120 mm 为最优引射筒直径；再以 120 mm 引射筒直径为定值，施加不同的水压，观察仿真结果，可得出最优水压为 12 MPa。

最后，测得设计的引射除尘器吸风量为 0.237 m³/s，液气比为 1∶2279。为引射除尘器的进一步设计提供了依据。

■ 6.1　建立引射除尘器三维数字模型

引射除尘器三维数字模型如图 6 – 1 所示。该引射除尘器分为 4 个部分，即集气罩、喷水组件、引射筒和折流板组件。引射筒是引射除尘器的主体部分；集气罩以焊接的方式与引射筒相连；喷水组件和折流板组件均通过螺栓与引射筒相连。

集气罩用来收集含尘空气，在工作时，其轴线成水平方向，其开口朝向为迎着巷道风流的方向，在引射除尘器负压和巷道风流的作用下，可以收集更多含尘空气。

喷水组件用来实现高压水管与喷嘴的连接，并将引射筒内的喷嘴固定在引射筒上。在工作时，高压水通过喷水组件进入喷嘴，喷嘴喷射出的水雾流方向与引射筒中心轴线平行。

引射筒是引射除尘器的主要组成部分，除了连接集气罩、喷水组件和折流板组件外，喷嘴喷出的水雾在引射筒内高速前进，含尘空气通过集气罩进入引射筒，在引射筒内，粉尘、水雾、空气发生碰撞、凝结、沉降等作用并高速向前推进。

折流板组件的主要作用是使含尘废水改变方向，引导含尘废水流入刮板运输机，避免积留在采煤工作面上。折流板组件包括连接板、挡水板、斜套和螺杆。在工作时，折流板组件开口朝下，便于含尘废水撞击到折流板上，从而沉降到刮板运输机，并由刮板运输机运出采煤工作面。

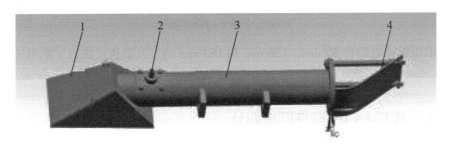

图 6 – 1　引射除尘器三维数字模型

1—集气罩；2—喷水组件；3—引射筒；4—折流板组件

■ 6.2　Fluent 软件仿真分析

6.2.1　三维数字模型简化

本章重点探究引射除尘器内部的喷雾降尘特性及流场仿真结果，既要全面展现所研究多相流耦合现象的物理表征，同时又要节约实验成本。综合各种因素影响，全面评估计算机性能，并对网格划分限定区域和条件。因此，在对引射筒直径，以及入射压力与流场之间的关系进行仿真研究和数值模拟之前，为满足仿真需求，相应的三维数字模型简化工作必不可少。与原有三维数字模型相比，精简后的三维数字模型降低了计算机的求解工作量，便于观察和计算。因此，可以适当忽略一些设备和因素对降尘的影响，省略相应部分三维数字模型，使误差在可接受范围内。

选取引射筒内的计算区域为对象，考虑引射筒真实的尺寸参数，在进行三维数字模型简化时，可去除集气罩、连接耳、连接板和折流板，保存引射筒和喷嘴，以减少计算量，提高运算效率。截取部分引射筒建立仿真模型，如图 6-2 所示。

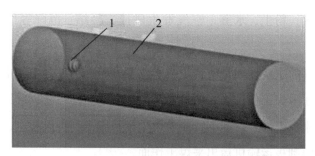

图 6-2　简化三维数字模型（120 mm）
1—简化喷嘴；2—简化引射筒

取引射筒直径为 80 mm、120 mm 和 160 mm 的三组简化三维数字模型进行仿真分析实验。

6.2.2　ICEM CFD 软件网格划分

引射除尘器的流体流动性比较复杂，主要采用非结构化网格，划分的数目不能过多，需突出显示流场的关键信息。ICEM CFD 软件分析了引射除尘器的非结构化网格划分特征，网格划分步骤如下。

（1）几何创建

在引射筒中创建两个区域（空气计算域和水流计算域），针对不同区域的数据计算和传递规律，按照模拟仿真需求，应用点到线、线到面的创建方法，建立由喷嘴至引射筒壁的 interface 锥面，如图 6 - 3 所示。

（2）创建 Body

针对几何创建的空气计算域和水流计算域，分别建立两部分区块（BODY - AIR 和 BODY - WATER）。与几何创建对比，在仿真精度上有明显的提升。创建好的区块示意图如 6 - 3 所示。

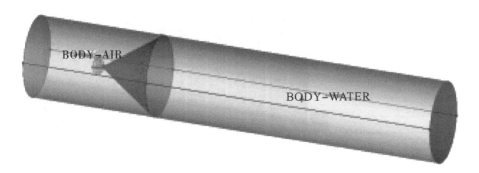

图 6 - 3　建立由喷嘴至引射筒壁的 inerface 锥面

（3）网格划分

网格划分总原则为最大尺寸的设置服从局部最小尺寸，通过对不同区域的尺寸进行分析、计算，默认整个空间的划分尺寸为局部或全局的最小参数尺寸。设置不同的参数值可对网格进行层数、尺寸等方面的设计，并为流场模拟研究奠定基础。划分网格后的引射筒示意图如图 6 - 4 所示。

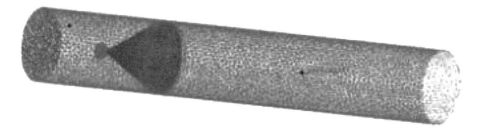

图 6 - 4　划分网格后的引射筒示意图

（4）局部加密

喷嘴前、后与空气计算域和水流计算域交界面处的三维数字模型量偏差变大，在此基础上对划分的网格做加密处理。

（5）光顺处理

针对简化三维数字模型的划分结果，对网格质地情况进行预报，通过划分精度对比并验证网格质量。光顺时的默认区间值为0.2~1，光顺值越接近1，网格质量越好。对光顺后的网格质量分布图进行检验，若符合光顺区间范围，则证明光顺结果合理有效。网格质量检验结果如图6-5所示。

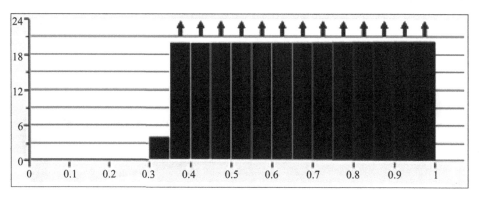

图6-5　网格质量检验结果

在网格划分工作结束后，即可开始利用Fluent软件进行求解。在网格划分过程中需要注意的是，应尽量选择适当的网格尺寸来完成高质量的网格划分。若尺寸过大，则会使三维数字模型部分区域直接被忽略，从而无法进行数值模拟，造成失真；若尺寸过小，则可能导致划分数量急剧增多，计算机性能无法满足处理要求。

6.2.3　模拟边界条件和参数设置

将划分好的模型网格文件导入至Fluent软件中，对该模型设置边界条件、设置射流源参数。

（1）壁面边界条件

为消除不同位置部件产生的能量损失，针对速度滑移及质量渗透现象，在固体引射筒壁面建立理想条件，应忽略气相流场在壁面上的能量损失，不考虑气流切向分速度和法向分速度。

（2）入口边界条件

只考虑集气罩入口断面处的速度，对其他速度分量忽略不计，控制三维数字模型计算偏差，设集气罩断面处为速度进口。

（3）出口边界条件

在引射筒右侧面处建立标准气压出口，指定含尘空气与喷雾射流交界面为interface，喷雾颗粒相在出口处取 escape 边界。

射流源的相关参数见表 6-1。

表 6-1　射流源的相关参数

类别	项目名称	参数
喷嘴	喷射方式	pressure – swirl atomizer
	喷雾压力/MPa	8、10、12、14、16
	喷嘴直径/mm	1.5
	喷射材料	water – liquid
	喷射半角/(°)	30
	雾滴质量流率/(kg·s⁻¹)	由喷雾压力及喷嘴口径计算

6.3　仿真结果分析

对引射除尘器三维数字模型简化后，可以通过控制不同边界条件的参数设置，分析不同变量对引射筒内部尘雾耦合流场的影响效果，找到最佳设计参数，以此来提高喷雾降尘效率。采用单一变量模拟方法，在相同的引射条件下对单个因素进行分析：其一是设置不同的引射筒直径，将直径分别设置为 80 mm、120 mm 和 160 mm，分析得出引射筒直径影响内部流场的压力作用；其二是设置不同的入射压力范围，将水泵压力设置为 8 MPa、10 MPa、12 MPa、14 MPa 和 16 MPa，分析得出影响尘雾耦合流动的主要压力因素。

6.3.1 引射筒直径对内部流场的影响

（1）引射筒直径对内部流场压力分布的影响

设定水压为 12 MPa，改变引射筒直径，观察内部流场中压力分布变化情况，如图 6 - 6 所示。

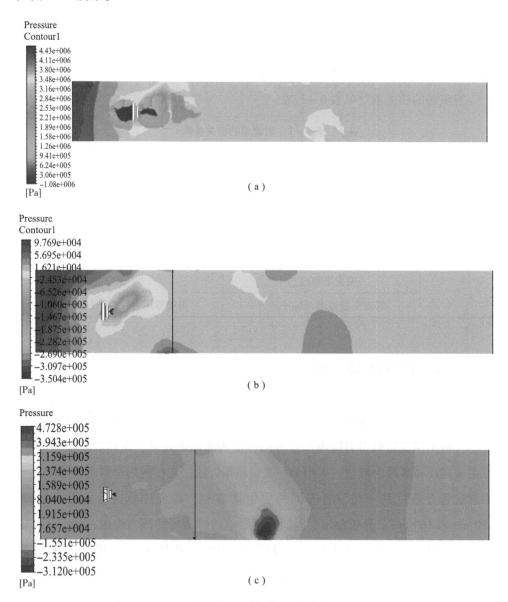

图 6 - 6　改变引射筒直径得到的压力分布图（附彩图）

图 6 - 6（a）为引射筒直径为 80 mm 时的压力分布。自引射筒左侧入口至右侧出口处，流场的压力梯度处于较为均匀的分布状态，且上下对称，压力先减小、后增大且变化平稳；喷嘴出水口和喷嘴后部出现明显的负压现象，引起剧烈的压力场变化；由喷嘴向靠近流体出口处的区域，流场梯度分布均匀，压力梯度变化不大；流场中压力最小值为 - 10 781.4 Pa。

图 6 - 6（b）为引射筒直径为 120 mm 时的压力分布。流场的压力梯度处于较为均匀的分布状态，在喷嘴出水口处出现较小程度的负压区，但分布状态与图 6 - 6（a）不同；由喷嘴向靠近流体出口处的局部区域有高于周围压力的梯度出现，但并不明显；流场中压力最小值为 - 350 433 Pa。

图 6 - 6（c）为引射筒直径为 160 mm 时的压力分布。引射筒内压力变化整体平稳，无明显压力梯度存在；由喷嘴向靠近流体出口处的引射筒下壁面部分区域出现最小压力，为 - 312 025 Pa。

通过改变引射除尘器引射筒直径，内部流场压力产生了不同的分布响应，当直径逐渐变大时，喷嘴附近的低压分布区域减少，最低压力值位置不断改变。

为更清晰观察引射筒直径对内部流场压力的影响效果，分别建立四条参考线：line3、line4、line5 和 line6，标注不同颜色加以区分，如图 6 - 7 所示。

图 6 - 7　建立四条参考线（附彩图）

改变引射筒直径，观察四条辅助线在不同水压下对应的压力值变化情况，如图 6 - 8、图 6 - 9 所示。

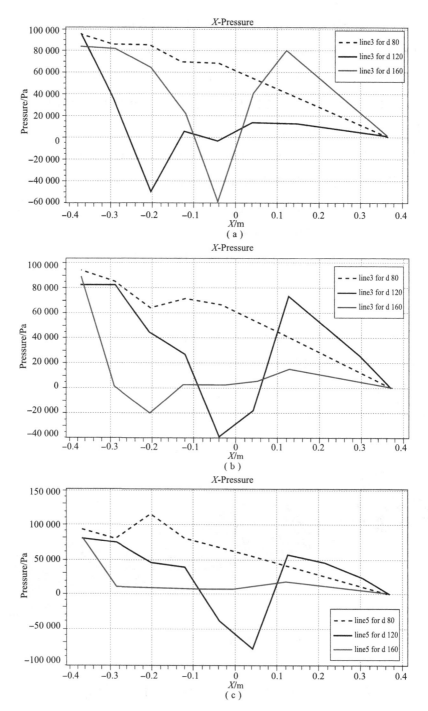

图 6 - 8　line3、line4、line5 在不同引射筒直径、不同水压下的压力分布

（a）line3；（b）line4；（c）line5

在图 6-8 中，空气入口处标定为 $x=-0.4$，喷嘴水流出口处标定为 $x=-0.25$，引射筒水流出口处标定为 $x=0.4$，纵坐标表示引射筒内的流场压力值。可观察到，直径为 80 mm 的引射筒压力整体上呈现下降趋势，且未出现明显的压力波动；在图 6-8（a）和图 6-8（b）中，直径为 120 mm 和 160 mm 的引射筒出现波动压力的位置相似，均在喷嘴水流出口前、后一定距离处的上、下壁面处；当引射筒直径为 160 mm 时，line3、line4、line5 三条辅助线在坐标 $x=0.1$ 处的位置，压力均出现明显波动，由此处至水流出口处的压力逐渐减小，最后重合于终点；三条辅助线在引射筒直径为 160 mm 时出现压力最小值，极值点位置呈现出向水流出口靠近的趋势。

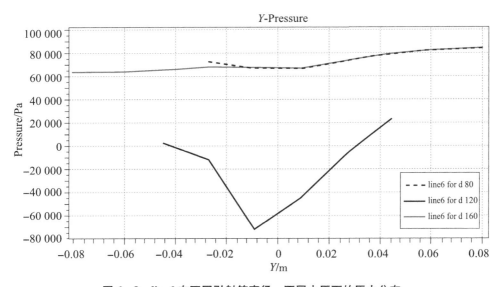

图 6-9　line6 在不同引射筒直径、不同水压下的压力分布

在图 6-9 中，line6 上关于两侧对称区域的压力状态整体呈逐渐增加的趋势，但并不完全关于点对称。由前节漩涡成形原理可知，部分由喷嘴射出的水雾流在重力作用下朝斜下方运动，喷嘴上部的雾化射流运动相对减少，形成上下不对称的雾化锥形，高密度流速错位有效增强了喷嘴上、下部的压差，使得喷嘴斜下方水流速度较大；当引射筒直径为 80 mm 和 160 mm 时，压力整体上处于平稳状态，当引射筒直径为 120 mm 时，出现压力最小值。

综合以上分析，应选取直径为 120 mm 的引射筒作后续分析研究。

（2）引射筒直径对内部流场速度的影响

内部流场中速度矢量分布随着引射筒直径的不同，产生的变化如图 6 − 10 所示。

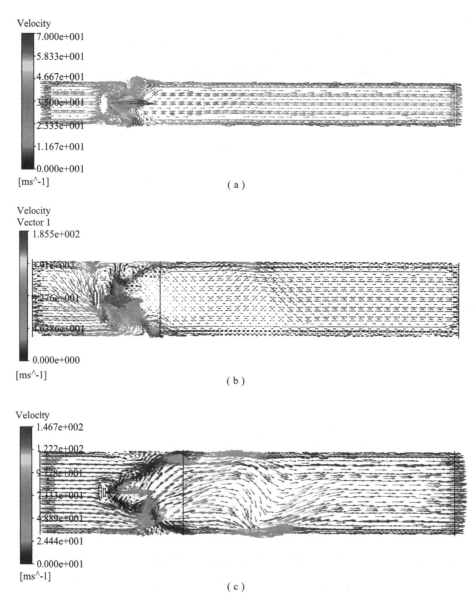

图 6 − 10　内部流场中速度矢量分布随着引射筒直径的不同产生的变化（附彩图）

(a) 80 mm；(b) 120 mm；(c) 160 mm

由图 6 − 10 观察可得，在含尘空气和水射流交界面处，由于存在两者的相互碰撞和耦合，速度发生剧烈变化：当引射筒直径为 120 mm 时，交界面处的速度变化开始增大，漩涡趋势开始凸显；当引射筒直径为 160 mm 时，在水流前进的过程中，速度方向发生明显改变，形成显著的漩涡趋势。

现固定水压，通过改变引射筒直径，借助 line3、line4、line5 和 line6 上不同的变化趋势，直观地观察速度变化，如图 6 - 11、图 6 - 12 所示。

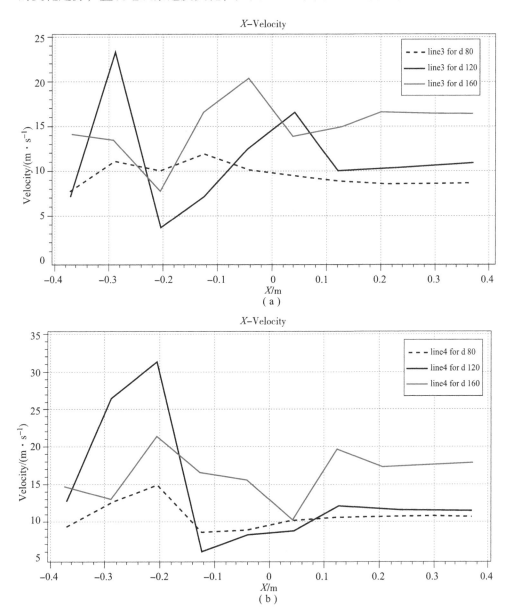

图 6 - 11　**line3、line4、line5** 在不同引射筒直径下的速度变化

（a）line3；（b）line4

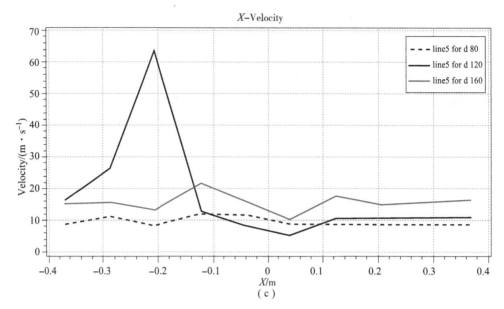

图 6 - 11　line3、line4、line5 在不同引射筒直径下的速度变化（续）

（c）line5

在图 6 - 11 中，空气入口处标定为 $x = -0.4$，喷嘴水流出口处标定为 $x = -0.25$，引射筒水流出口处标定为 $x = 0.4$，纵坐标表示引射筒内的不同轴线上的速度变化值。

在图 6 - 11（a）中，line3 上的速度波动较大，且无明显规律性特征，当引射筒直径为 80 mm 时 line3 上各处速度趋于平稳；当引射筒直径为 120 mm 和 160 mm时，line3 上的速度变化趋势基本类似，不同的是喷嘴正上方壁面处的最大速度在引射筒直径为 120 mm 时达到最大。

在图 6 - 11（b）中，line4 上的速度变化整体呈先上升后下降的趋势，最后在靠近水流出口处趋于平稳；在三种不同的引射筒直径下，由于锥形雾化射流与壁面交汇处产生速度波动，因此在 line4 上约 $x = -0.2$ 处的速度均达到极值，且当引射筒直径为 120 mm 时，速度达到最大值。

在图 6 - 11（c）中，当引射筒直径为 80 mm 和 160 mm 时，line5 上的速度变化趋势类似，且相对平稳，无较大范围内的明显波动；当引射筒直径为 120 mm时，喷嘴中心靠前位置的水射流流速最大，之后迅速下降并保持平缓运动至水流出口处。

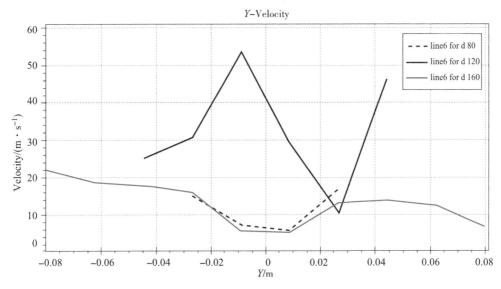

图 6 - 12　line6 在不同引射筒直径下的速度变化

由图 6 - 12 观察可得，line6 上速度变化规律性较差，无明显图形特征。当引射筒直径为 80 mm 和 160 mm 时，line6 上的速度波动不大，且呈近似对称分布，靠近轴线中心的位置压力较小，随着中心位置向两侧扩张，压力增大至一定量后趋于平稳；当引射筒直径为 120 mm 时，中心两侧出现波动，并在喷嘴中心处出现速度最大值。

综合以上分析可知，当选取直径为 120 mm 的引射筒时，最有利于引射除尘器除尘。

6.3.2　水压对内部流场的影响

（1）水压对内部流场压力分布的影响

重点开展对气流轨迹和压力分布的影响规律分析，采用增加试验组数的方法，固定引射筒直径为 120 mm，分析得出影响内部流场压力和流速分布的主要压力参数，选出最佳水压。再通过固定入射喷雾压力，改善引射筒直径对内部流场耦合作用的效果，有效观察不同单一变量的作用机制和仿真结果。

为能够较好预测压力场变化，清晰观察内部流场的压力分布规律，应继续采用增加辅助线的方法，可在相同试验条件下有效减少工作量，提高计算模拟精度，使试验结果更加直观。如图 6 – 13 所示，将辅助线设置为引射筒中心线用黄色 line1 表示，喷嘴竖直轴线用红色 line2 表示。

图 6 – 13　建立辅助线（附彩图）

观察两条辅助线在不同水压下的压力分布，如图 6 – 14、图 6 – 15 所示。

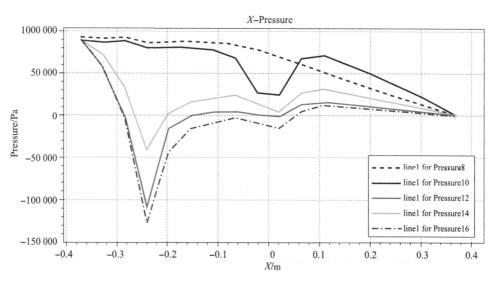

图 6 – 14　line1 在不同水压下的压力分布

在图 6 – 14 中横坐标 X 表示 line1 上的点，其中空气入口处标定为 $x = -0.4$，喷嘴水流出口处标定为 $x = -0.25$，引射筒水流出口处标定为 $x = 0.4$，纵坐标表示引射筒内的流场压力值。

根据实验要求标定不同颜色的水压曲线，通过观察分析得知，当水压为 8 MPa 时，内部压力随横坐标位置的右移逐渐减小，空气入口处至喷嘴处的压力无明显波动，且变化平稳，至水流出口处压力缓慢减小。当水压为 10 MPa 时，空气入口处至喷嘴处的压力也无明显波动，至引射筒中部区域出现小范围的压力波动，最终与水流出口处的压力汇合。其余压力值时的压力变化均呈现出一个相同的规律，即在喷嘴前部的计算域内压力梯度逐渐减小，当水压为 12 MPa 和 16 MPa时，下降速度较快。在三种压力下，喷嘴处至喷嘴右侧较短区域内压力开始上升，升至一定值后基本保持不变，最终以相对稳定的压力汇合至水流出口处。

通过调整水压可在喷嘴处生成不同流速的射流喷雾，进而改变内部流场的压力大小。以上述水压为例，从空气入口至水流出口处的压力呈减小趋势，以喷嘴处出现极值为多见。

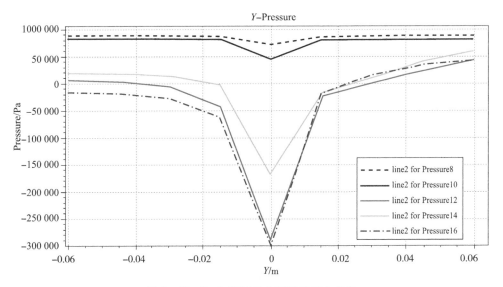

图 6 - 15 line2 在不同水压下的压力分布

在图 6 - 15 中，横坐标 Y 表示 line2 上的点，line2 的中点标定为 $Y = 0$，经过喷嘴出口，且垂直于引射筒轴线的管道上壁面标定为 $Y = 0.06$，经过喷嘴出口，且垂直于引射筒轴线的管道下壁面标定为 $Y = -0.06$，纵坐标表示引射筒内的流场压力值。

可观察到，当引入不同水压时，line2 上各点的压力分布基本上关于点对称。当水射流远离喷嘴中心位置时，压力下降速度缓慢；当靠近喷嘴水射流的中心时，压力下降速度加快。在四种压力作用下，水流中心处的压强呈现为最小值，并且当水压为 12 MPa 和 16 MPa 时，line 中点处的压力最小。结合引射除尘器的工作原理分析可知，内部流场中的压差越大，越利于含尘空气吸入，并进行尘雾耦合，从而越有利于提高除尘、降尘效率。由图 6 – 14 和图 6 – 15 综合分析可了解压差，以及当水压为 12 MPa 和 16 MPa 时对除尘效果的影响，从而可对内部流场压力的变化规律进行预报和精确对比，有助于直观观察流场压力变化云图，并获得内部流动气流轨迹和压力分布。

（2）水压对内部流场速度的影响

因压力和速度的特征不同，在研究水压影响作用的基础上，可利用类似的试验方法对不同流场速度的分布进行模拟，观察 line1 和 line2 速度变化如图 6 – 16、图 6 – 17 所示。

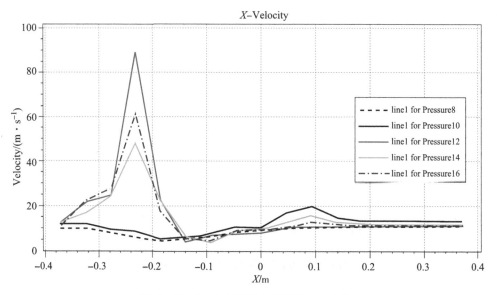

图 6 – 16　line1 在不同水压下的速度变化

图 6 – 16 中，当水压为 8 MPa 和 10 MPa 时，line1 未出现速度大范围变化或波动，自空气入口处至流体出口处的流场平缓、稳定；随着水压逐渐增大，喷嘴前、后端区域的速度发生明显变化，并在喷嘴口处达到极值，整体观察可得出射流源前、后段速度变化规律相似，并呈对称状分布，从喷嘴处向流体出口处推移速度逐渐减小，并保持稳定不变；当水压为 12 MPa 时，射流源处流速最大。可以看出，喷嘴处出现的速度极值有效说明了不同喷射水压对流场喷雾效果的

影响。

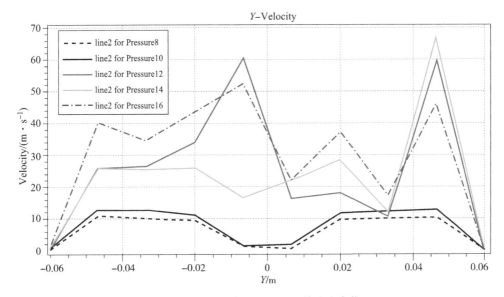

图 6 - 17　line2 在不同水压下的速度变化

在图 6 - 17 中，line2 上速度变化较大，且规律性较差，无明显图形特征。当靠近上、下管壁处时，速度接近于 0；当 $-0.06 \leqslant Y \leqslant 0$ 时，流体速度整体呈现增大趋势，越靠近射流中心点，流速越大，当水压为 12 MPa 时，速度达到最大值。观察 line2 另一侧变化规律，当 $0 \leqslant Y \leqslant 0.06$ 时，流体速度整体呈先减后再增大的趋势，中间出现一个速度波动。由于高密度流速错位有效增强了喷嘴上、下部的压差，使得喷嘴斜下方水流速度较大，进而诱导产生速度波动。在速度波动段，最大值出现在水压为 16 MPa 时。结合图 6 - 16 和图 6 - 17 可知，当水压为 12 MPa 和 16 MPa 时，内部流场速度较大。

综合以上分析可得出，内部流场中速度变化越剧烈，单位时间内所吸入引射除尘器的含尘空气量越大，就越有利于达到雾化降尘的效果。因此，应选取水压为 12 MPa 和 16 MPa 作后续分析研究。

在引射除尘器引射筒直径确定为 120 mm 情况下，设置五组水压作对照试验，见表 6 - 2。

表 6 - 2　不同水压下引射除尘器的除尘效果

压力/MPa	耗水量/(L·s⁻¹)	吸风量/(m³·s⁻¹)	液气比
8	0.066	0.119	1∶1803
10	0.072	0.145	1∶2014
12	0.104	0.237	1∶2279
14	0.110	0.225	1∶2045
16	0.123	0.251	1∶2041

观察得到，最佳水压为 12 MPa，吸风量为 0.237 m³/s，液气比为 1∶2279。

第7章
煤矿设备修理工作研究

煤矿设备修理工作比较繁杂,设备种类多、时限要求急,每台设备、每次的修理内容又有较大的不确定性,如何选择修理单位是保证修理质量的关键环节。本章就如何认定合格的修理单位、如何选择合适的修理单位、采取何种方式进行具体的修理工作进行了深入研究,为煤矿企业做好设备修理工作提出了切合实际、客观合理的分析论证。

设备修理是保证煤矿正常生产的关键环节,修理费用是煤炭成本的重要组成部分。据统计,虽然各个矿井的吨煤设备修理成本受各种条件的影响略有不同,但主体范围为 7~12 元/t。目前,由于受技术人员流失、设备老化、整体社会环境等因素影响,煤矿单位术人员自身修理能力较弱,不得不由外部专业修理单位承修设备,这就使设备修理工作的质量、工期及成本在很大程度上取决于修理单位的修理水平、修理工艺、责任心等因素。因此,如何确定合格的修理单位,采用何种方式选择修理单位,成为了设备修理工作的重要课题。

■ 7.1 开滦(集团)有限责任公司设备修理的几种形式

1)各单位自修自用。有一定修理能力的单位,对一些本身能修理的设备自行修理,这种方式方便、快捷,修理费用无论多少,都可留在本单位内部。

2)由开滦(集团)有限责任公司(以下简称开滦集团)内部具有一定修理能力的修理单位承修,修理更加专业化,修理费用可留在开滦集团内部。

3)由社会修理单位承修。若某设备开滦集团内部无能力修理,则由社会修理单位承修，专业性更强，且若在修理后，需要办理特种设备手续，社会修理单位也能顺利办理。

7.2　关于如何认定合格修理单位的研究

目前，开滦集团是以发放设备修理许可证的方式认证并确定合格的修理单位。在正常情况下，修理单位只有在取得开滦集团设备修理许可证后，才可在开滦集团内部开展修理业务。其具体做法如下。

（1）修理单位应具备的条件

1）硬件条件。

①要有必要的检修车间和场地；要有保证修理质量的通用及专业检修设备、工艺装备、计量检测及测试设备；具有足以保证修理质量和完成规定工艺的专业技术人员、操作技术工人及具备资质的计量检测人员，并保证能够严格按照相关技术标准进行修理和检测。

②针对不同的设备修理需要有不同的设备及工具。例如，修理采煤机、掘进机、液压支架等大型设备的结构件，要进行平面铣削和孔加工时，需要镗床；修理刮板运输机、转载机等设备的各种槽，需要加工水平面、垂直面、斜面、直线成形表面时，需要刨床；在补焊后进行表面加工时，需要磨床；在加工柱形构件时，需要铣床等。对于电气设备，重点是需要各种检测及测试的试验、试压设备，环境设施要求较严。修理电动机，则需要浸漆罐和烤箱。洗选设备中的筛类修理需要一些特定的大型工具。在车间厂房中，还必须具备起重设备，如天车、龙门吊等，且根据修理设备的质量不同，需要起重设备的起重能力也不同。修理小型部件，一些通用机床就能满足；而修理整机或者是大型部件，则需要的大型设备，性能要求也更高一些。例如，修理采煤机整机，除需要一般的车床以外，为了保证摇臂壳等大型部件的形位公差，还需要大型镗铣床（见图 7-1、图 7-2）。

另外为了方便修理，修理单位还需要自制一些专用工具，如拆卸液压支架立柱的拆柱机等（见图 7-3）。

图 7 - 1　镗铣床 1

图 7 - 2　镗铣床 2

图 7 - 3　修理单位自制的拆柱机

　　在确定一个修理单位的修理能力时，必须严格审查装备水平，修理单位必须具备与具体设备相应的技术装备。

　　③在硬件条件中，除了设备、设施，重要的还有专业技术人员和操作技术工人。在设备、设施相差不多的情况下，专业技术人员和操作技术工人的水平，决定着一个设备修理工作的质量、工期及成本。

　　某修理单位，以前虽然有业务，但修理水平一般，有时甚至不能承揽难度大、工期较急的业务。但后来聘请了一位大型国企退休的专业技术人员作为企业负责人，其修理能力马上上了一个台阶，修理质量明显提高。

一个修理单位，至少应该有一至两名高水平的专业技术人员，在一些关键工序上，专业技术人员水平的高低直接关系到修理质量的好坏。

专业技术人员和操作技术工人可以说决定了一个修理单位的最终修理能力。在对修理单位进行评价时，要注意此单位的用工情况，人员技术水平、经验等。修理单位对人员的使用一般有两种情况，一是本单位长期雇用；二是人员和修理单位是合作的形式，修理单位揽到业务后，外包给某技术人员，后者按照约定的时限完成，收取承包费。在认定修理单位的修理能力时，用工方式的不同可能就代表企业具备不同的修理能力。

2）软件条件。

必须具备所维修设备的通用标准工艺、修理标准、检验规范及验收标准；具有完善、有效的质量保证体系，以及从事修理业务的各项管理制度。不同的修理单位，其水平不一，修理方法各不相同，工艺流程也各有特色。其中修理验收检验的规范是重点评价项目，其关系到最终产品的质量。修理单位应有装订成册的验收标准规范。

3）资质条件。

涉及特种行业的设备修理要具有相应的资质证明。

4）具有可供检验的竣工样机，或能提供竣工验收合格的样机证明资料。

5）承修设备竣工后，必须达到现行国家标准或专业技术标准。

（2）修理单位能力的认定过程

目前开滦集团是由专业部门组织评审专家，在对修理单位进行评审合格后，核定该修理单位的修理能力，发放开滦集团设备修理许可证，明确规定可承修的设备范围、名称。评审专家一般为五人以上的单数，采取打分制，按照评分结果确定修理等级。评审打分的内容包括资质、环境、技术文件、规章制度、检测调试器具、企业负责人技术人员、操作人员、质检人员、质量抽检等内容。

修理能力评审打分模板见表7-1。

表 7-1 修理能力评审打分模板

申请单位				
申报内容				
评审人姓名		职称		
序号	评审内容	标准分	实得分	减分说明
1	资质、环境			
2	技术文件			
3	规章制度			
4	检测调试器具			
5	企业负责人			
6	技术人员			
7	操作人员			
8	质检人员			
9	质量抽检			

模板的标准分数可根据实际情况自行研究确定。先设定一个合格分数，若打分后低于此分值，则不合格；为了区分修理能力，也可设定几个档次，根据打分结果，最终确定修理单位的修理能力，并在发放的设备修理许可证中标明相应的修理能力等级、修理范围。

这里需要重点注意的是，评审单位及评审专家须对最后结果负责。

为保证修理单位的业务稳定性，评审单位应该建立定期检查复审机制，对一些修理能力滑坡、修理质量出现问题的修理单位提出整改，滑坡严重的应取缔设备修理许可证。

通过多年实践来看，一个大的煤炭企业下属可能有几个、甚至十几个矿井单位，设备种类繁多，修理质量要求高，需要开设设备修理许可证的设备包括自营铁路机车及车辆；各类电动机，变压器，高、低压配电柜；主要提运设备（如固定式皮带运输机、各类绞车、架线电动机车、蓄电动机车、罐笼、箕斗等）、主排水泵、主通风机、空气压缩机；主要采掘机械设备（掘进机、采煤机、装岩机、喷浆机、钻机、液压支架、刮板运输机、伸缩式皮带运输机、单体柱等）；特种设备（起重机械、电梯、锅炉等）；公路交通车辆类、工程机械车辆类等，数量庞大。

因此，开滦集团可通过专业部门及审核，认定一批入围修理单位，单位数量可以大一些，形成一个修理单位库，这个库里包括了修理各类设备的单位，并且按修理能力明确分出等级。这个库可供开滦集团所属各单位选择使用。

开滦下属的一些单位，可根据本单位的实际情况，在这些入围修理单位中，选取部分适合本单位的修理单位，作为承修单位。这样，既可以保证整体修理效果，保持一定的竞争性，也可以让各个基层单位有一定的选择余地。

一般情况下，每类设备的修理工作应该选择三家及三家以上修理单位作为本单位的承修单位。下面就如何选择修理单位进行讨论。

7.3　关于如何选择修理单位的研究

开滦集团下属的设备产权单位、设备使用单位等修理责任单位在面临具体修理事项时，必须选择适用于本单位的修理单位。直接指定某个修理单位，不符合公平竞争的要求，会造成各种问题。但通过实践来看，煤矿井下生产设备修理单位的选择，不适用于招标的方式，原因有以下两点。

一是在大多数情况下，需要修理的设备均为矿井井下生产频繁周转使用的设备，工期紧张，如果履行招标程序，包括写技术要求、买标书、发公告、评标、结果公示等，则可能影响生产需求。

二是许多设备修理需求不明确，技术要求难以确定。因为每台设备的损坏情况不同，设备损坏部件、程度差异较大，不易确认，需进行专业拆解，甚至在专业仪器检测后，才能确定具体修理项目。

因此，设备修理不同于购买新设备，不适合招标这种方式。那么，如何确定修理单位，既充分实现竞争，又能保证生产，还不产生各种问题，经过实践经验，目前可采用的方式有如下几种。

（1）竞价修理

即参照招标方式，进行公平竞价修理。具体来说就是参照招标方式，在具备开滦集团设备修理许可证的单位中，通过竞价公告，请修理单位参与报价，通过比较报价，再参照工期、信誉、服务等情况，通过综合打分，确定最终修理单位。

这种方式适用于一些通用设备，这些设备的损坏有一定的规律，规格型号较为常用，可承揽修理的单位较多，修理价格也较稳定。例如，常用输送设备、小型水泵、特种设备、工程机械、电动机（限定功率以下）、变压器、通用电气设备、通信设备等，可在 10 个左右具备设备修理许可证的单位公开竞价，并确定最终修理单位。

（2）邀请竞价修理

这是开滦集团所属单位普遍采用的一种选择修理单位的方式，主要针对煤矿专用设备。为了保证质量，邀请具有一定修理能力并相对熟悉本单位的修理单位，通过竞价的方式进行最终选择。例如，电动机（限定功率以上）、液压支架用除立柱、推移千斤顶及成套阀类液压元件之外的各种千斤顶、掘进机、采煤机（限定功率）、装岩机（限定功率）、洗选设备等，可邀请 5～10 个修理单位，通过竞价确定最终修理单位。

（3）日常评估

通过日常评估，选择具有较强修理能力并较适合本单位的 3 个左右修理单位作为经常性合作单位，当有待修设备时，通过竞价，选择最终修理单位。防爆电动机、防爆开关、液压支架用立柱、推移千斤顶及成套阀类液压元件、采掘设备主要关键部件等，均可用此方式进行最终确定。

以上三种方式的前提是修理单位已经取得了开滦集团设备修理许可证，以有保证的修理能力作为前提，然后是公平的竞争、竞价，目前看是应用比较广泛的一种方式，避免了一些人为的风险，但也存在一定限制，如一些专业性较强、生产急需、有特殊要求的项目，可能无法用上述方式确定修理单位。从实践来看，可采取以下两种方式选择。

（1）返回原生产厂修理

对于井下主排水泵等精度、安全性要求较高，需达到制造精度的部分关键设备，可返回原生产厂修理。

（2）确定长期设备修理战略伙伴

对具备雄厚实力、技术领先、产品质量可靠、价格合理的设备供应商，可通过合作谈判的方式，与其建立设备修理战略合作伙伴关系，以保持稳定的渠道、价格及修理质量。原则上重要设备、主机厂生产的重要配件、主机厂的外协件，以及对生产安全影响较大的一般设备应采用这种方式。

参 考 文 献

[1] 贺大强. 采煤机故障诊断系统研究 [J]. 机械管理开发, 2022, 37 (7): 170 - 171 + 174.

[2] 吴涛. 采煤机故障诊断分析与实例研究 [J]. 能源与节能, 2022 (8): 219 - 221 + 224.

[3] 郎守让. 浅谈采煤机的故障诊断与预测 [J]. 当代化工研究, 2019 (14): 16 - 17.

[4] 毛清华, 张勇强, 赵晓勇, 等. 变速工况下采煤机行星齿轮传动系统故障诊断 [J]. 工矿自动化, 2021, 47 (7): 8 - 13.

[5] 韩丽民. 采煤机关键部件故障分析与诊断 [J]. 能源与节能, 2021 (11): 156 - 157 + 159.

[6] 魏志华. 双滚筒采煤机故障机理及预防措施 [J]. 机械管理开发, 2022, 37 (10): 342 - 343.

[7] 靳晶. 采煤机摇臂齿轮箱故障诊断技术分析 [J]. 矿业装备, 2022 (1): 228 - 229.

[8] 冯阔, 邓桂波, 吴敏锐. 采煤机常见电气故障及维修措施探讨 [J]. 石化技术, 2020, 27 (5): 224 + 230.

[9] 张宏彬. 截割电机常见故障分析及其预防措施研究 [J]. 机械管理开发, 2022, 37 (2): 331 - 332 + 335.

[10] 刘伟樑. 综采工作面采煤机故障及预防措施 [J]. 机械管理开发, 2022, 37 (3): 334 - 335 + 340.

［11］张娅，李庆，沈涛．采煤机常见故障及基于神经网络的故障诊断分析［J］．煤矿机械，2020，41（12）：157－159．

［12］牛丽，丁海波．采煤机液压故障诊断系统设计［J］．计算机时代，2020，（5）：16－19．

［13］国家安全生产监督管理总局．煤矿安全规程［M］．北京：煤炭工业出版社，2011．

［14］国家煤矿安全监督局·煤矿安全生产标准化管理体系基本要求及评分方法（试行）［M］．北京：应急管理出版社，2020．

［15］全国煤炭标准化技术委员会．煤矿科技术语第10部分：采掘机械：GB/T 15663.10—2008［S］．北京：中国标准出版社，2009．

［16］全国安全防范报警系统标准化技术委员会．视频安防监控数字录像设备：GB 20815—2006［S］．北京：中国标准出版社，2008．

［17］中国煤炭工业协会．滚筒采煤机通用技术条件　第1部分：整机：GB/T 35060.1—2018［S］．北京：中国标准出版社，2018．

［18］煤炭工业煤矿专用设备标准化技术委员会．滚筒采煤机　产品型号编制方法：MT/T 83—2006［S］．北京：煤炭工业出版社，2006．

［19］煤炭行业煤矿专用设备标准化技术委员会．滚筒采煤机型式和基本参数：MT/T 84—2007［S］．北京：煤炭工业出版社，2008．

［20］煤炭行业煤矿专用设备标准化技术委员会．煤矿用乳化液泵站　第1部分　泵站：MT/T 188.1—2006［S］．北京：煤炭工业出版社，2006．

［21］煤炭行业煤矿安全标准化技术委员会．煤矿机电设备检修技术规范：MT/T 1097—2008［S］．北京：煤炭工业出版社，2010．

［22］中国煤炭建设协会．煤炭工业矿井设计规范：GB 50215—2015［S］．北京：中国计划出版社，2016．

［23］中国煤炭工业协会．煤矿巷道锚杆支护技术规范：GB/T 35056—2018［S］．北京：中国标准出版社，2018．

［24］煤炭行业煤矿专用设备标准化技术委员会．煤巷锚杆支护技术规范：MT/T 1104—2009［S］．北京：煤炭工业出版社，2010．

［25］中国煤炭建设协会．带式输送机工程技术标准：GB 50431—2020［S］．北

京：中国计划出版社，2020．

[26] 中国煤炭建设协会．煤矿井下供配电设计规范：GB 50417—2007 [S].北京：中国计划出版社，2007．

[27] 煤炭行业煤矿专用设备标准化技术委员会．悬臂式掘进机　第3部分：通用技术条件：MT/T 238.3—2006 [S].北京：煤炭工业出版社，2006．

[28] 煤炭工业煤矿专用设备标准化技术委员会支护设备分会．液压支架通用技术条件：MT 312—2000 [S].北京：煤炭工业出版社，2001．

[29] 中国煤炭工业协会．煤矿用液压支架　第2部分：立柱和千斤顶技术条件：GB/T 25974.2—2010 [S].北京：中国标准出版社，2011．

[30] 中国煤炭工业协会．煤矿用液压支架　第3部分：液压控制系统及阀：GB/T 25974.3—2010 [S].北京：中国标准出版社，2011．

[31] 能源部煤矿专用设备标准化技术委员会支护设备分会．液压支架立柱技术条件：MT 313—1992 [S].北京：中国标准出版社，1993．

[32] 能源部煤矿专用设备标准化技术委员会支护设备分会．液压支架千斤顶技术条件：MT 97—1992 [S].北京：中国标准出版社，1993．

[33] 煤炭行业煤矿安全标准化技术委员会．煤矿机电设备检修技术规范：MT/T 1097—2008 [S].北京：煤炭工业出版社，2010．

[34] 煤炭行业煤矿专用设备标准化技术委员会．液压支架用乳化油、浓缩液及其高含水液压液：MT/T 76—2011 [S]. 北京：煤炭工业出版社，2012．

[35] 中华人民共和国国家能源局．国能煤炭 [2014] 571 号：关于促进煤炭安全绿色开发和清洁高效利用的意见 [EB/OL]. (2014 – 12 – 26) [2020 – 12 – 26]. http://zfxxgk. nea. gov. cn/auto85/201501/t20150112_1880. htm.

[36] 杨俊磊．采煤机机载喷雾引射除尘器的研究与应用 [J].煤矿机械，2021 (3)：145 – 148．

[37] 冯成程，董庆兵，魏静，等．高速动车组齿轮箱内部流场仿真分析及搅油损失计算 [J].润滑与密封，2022 (1)：101 – 110．

[38] 赵林，邵方琴，曾维，等．3D 打印燃气轮机天然气喷嘴的流场仿真分析 [J].机械设计与制造，2021 (2)：126 – 129．

[39] 李尚．三段复合湿式除尘器的设计与实验研究 [D].青岛：青岛科技大

学，2019.

[40] 季小磊，来有炜. CFD 数值模拟在微涡絮凝中的应用 [J]. 云南化工，2019
（2）：126 – 127.

[41] 彭威，吉卫喜. 基于中轴线的曲面网格质量优化 [J]. 机械工程学报，
2019，55（7）：155 – 162.

[42] 赵雷雨. 煤矿喷雾降尘中多相流耦合机理及仿真研究 [D]. 太原：中北大
学，2016.

[43] 杨家威. 综采面高压外喷雾系统的改进设计 [J]. 山西煤炭，2016（4）：
41 – 43.

[44] 王翱. 单液滴捕集细颗粒物的行为与机制研究 [D]. 北京：清华大学，
2016.

[45] 邹常富. 采煤机割煤产尘特性及防治技术研究 [J]. 煤炭工程，2016（2）：
62 – 64.

[46] 侯宝月. 采煤机二次负压降尘技术研究 [J]. 同煤科技，2015（4）：4 –
6 + 10.

彩　　插

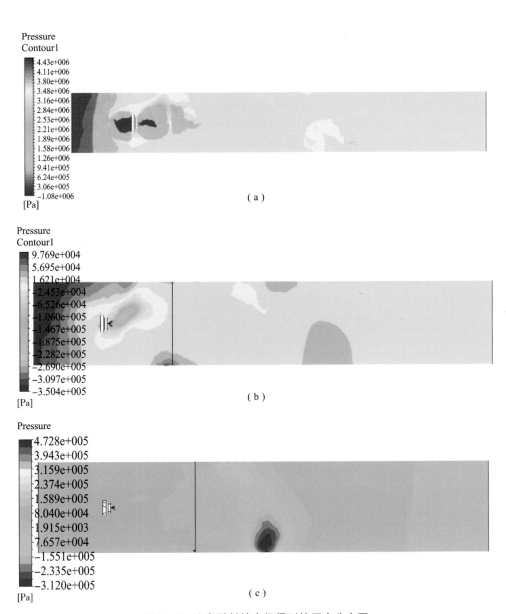

图 6-6　改变引射筒直径得到的压力分布图

图 6 - 7　建立四条参考线

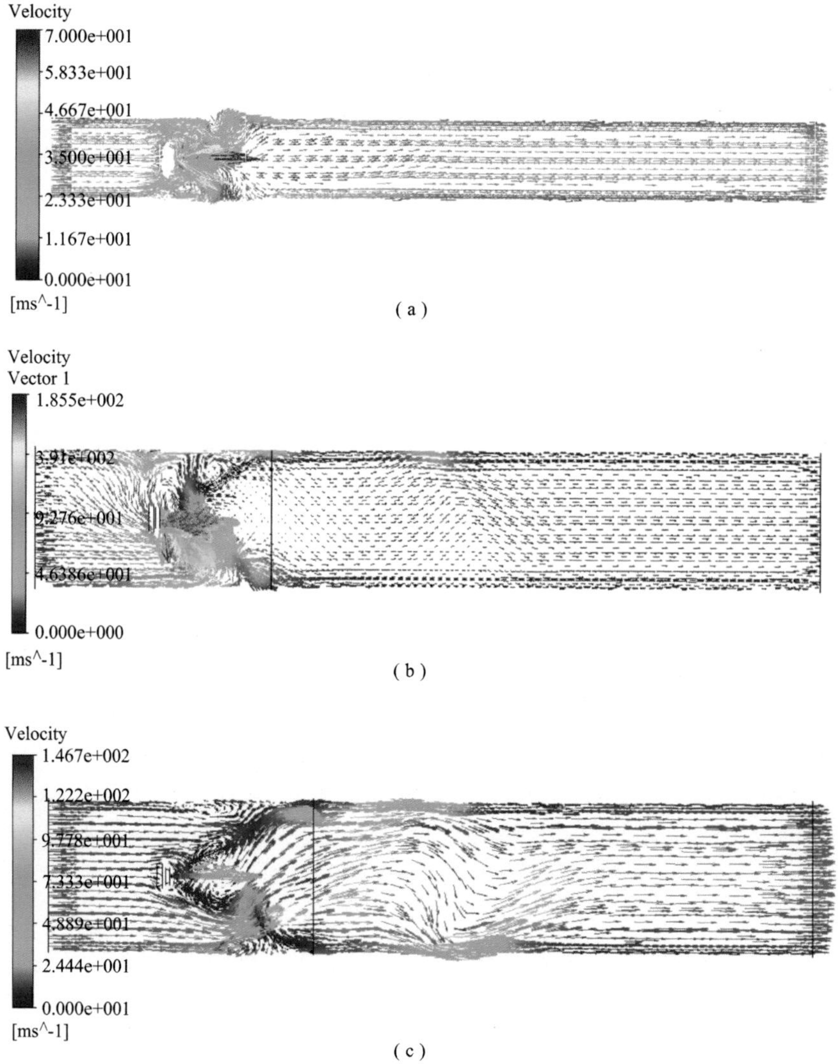

Velocity

7.000e+001
5.833e+001
4.667e+001
3.500e+001
2.333e+001
1.167e+001
0.000e+001

[ms^-1]

（a）

Velocity
Vector 1

1.855e+002
3.91e+002
9.276e+001
4.6386e+001
0.000e+000

[ms^-1]

（b）

Velocity

1.467e+002
1.222e+002
9.778e+001
7.333e+001
4.889e+001
2.444e+001
0.000e+001

[ms^-1]

（c）

图 6 - 10　内部流场中速度矢量分布随着引射筒直径的不同产生的变化

（a）80 mm；（b）120 mm；（c）160 mm

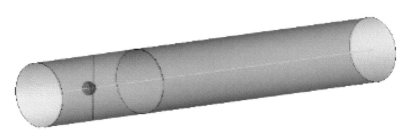

图 6 – 13　建立辅助线